滨海环境清水混凝土
制备与应用技术

金祖权　王鹏刚　李　刚　叶守杰　常洪雷　合著

中国建材工业出版社

图书在版编目（CIP）数据

滨海环境清水混凝土制备与应用技术/金祖权等合著.
--北京：中国建材工业出版社，2020.8
ISBN 978-7-5160-2951-0

Ⅰ.①滨… Ⅱ.①金… Ⅲ.①装饰混凝土-制备
Ⅳ.①TU528.38

中国版本图书馆CIP数据核字(2020)第122846号

内 容 简 介

混凝土是人类除水以外用量最大的人造材料，是人类现在与未来发展的基石。基于学科交叉、融合，混凝土在未来将更耐久、更智能、更美观。通过科学的材料设计、严格的原材料控制与施工、智慧感知其性能演变，返璞归真、具有最本质美感与长效美观、耐久的清水混凝土将呈现在建筑工程中。与普通混凝土相比，清水混凝土有着表面完整，色泽均匀，表面没有剔凿和碰损，显得浑然天成，天然而庄重，是一种既环保又美观的混凝土。

针对滨海地下工程服役环境恶劣、受力复杂、耐久性问题突出等问题，依托青岛地铁工程，作者团队通过系统研究，制备出兼顾工作性、力学性能、耐久性和饰面性能优良的滨海地铁用清水混凝土，并实现其工程应用。本书着重介绍了高耐久、低收缩清水混凝土制备，滨海环境下清水混凝土的氯离子传输与结合性能，硫酸盐传输与反应规律，清水混凝土的护筋性能，腐蚀环境对清水混凝土饰面性的影响规律，以及清水混凝土在滨海环境地铁工程中的应用技术等。

本书可供从事清水混凝土材料研发、生产单位的工程技术人员阅读参考。

滨海环境清水混凝土制备与应用技术
Binhai Huanjing Qingshui Hunningtu Zhibei yu Yingyong Jishu
金祖权　王鹏刚　李　刚　叶守杰　常洪雷　合著

出版发行：中国建材工业出版社
地　　址：北京市海淀区三里河路1号
邮　　编：100044
经　　销：全国各地新华书店
印　　刷：北京雁林吉兆印刷有限公司
开　　本：710mm×1000mm　1/16
印　　张：9
字　　数：180千字
版　　次：2020年8月第1版
印　　次：2020年8月第1次
定　　价：58.00元

本社网址：www.jccbs.com，微信公众号：zgjcgycbs
请选用正版图书，采购、销售盗版图书属违法行为

举报信箱：zhangjie@tiantailaw.com　　举报电话：（010）68343948
本书如有印装质量问题，由我社市场营销部负责调换，联系电话：（010）88386906

前言

清水混凝土是最朴素的建筑语言，也是混凝土材料中最高级的表达形式，它显示的是一种最本质的美感。当原本厚重、粗糙的混凝土，转化为一种细腻的质感呈现，其表面平整光滑、色泽均匀、棱角分明、无碰损和污染，无二次修饰，极简、庄重——它显示的是一种天然本真的美感，更具“清水出芙蓉，天然去雕饰”的独特建筑韵味。然而，滨海腐蚀环境对清水混凝土性能提出了更高的要求。如何制备兼顾工作性、力学性能、耐久性和饰面性能优良的清水混凝土是滨海环境下清水混凝土推广应用亟待解决的首要问题。本书在“十三五国家重点研发计划”（2017YFB0310000），“山东省重点研发计划”（2018GHY115020），“山东省泰山学者工程专项经费”（ts20190942），以及“青岛地铁科研项目”等的共同资助下研究编撰完成。作者对上述科研项目的资金支持表示衷心感谢。

本书着重介绍了高耐久、低收缩清水混凝土的制备，滨海环境下清水混凝土的氯离子传输与结合性能，硫酸盐传输与反应规律，清水混凝土的护筋性能，腐蚀环境对清水混凝土饰面性的影响规律，以及清水混凝土在滨海环境地铁工程中的应用技术等。本书可供从事清水混凝土材料研发、生产单位的工程技术人员阅读参考。

在本书撰写和科研过程中，赵铁军教授、李秋义教授全程参与并指导了“青岛地铁清水混凝土耐久性设计与评估研究”的科研工作，中交上海三航科学研究院有限公司主持了清水混凝土模型试验与现场施工。青岛市西海岸轨道交通有限公司参与了现场试验及相关协调工作。课题组研究生康悦、刘海宝等参与了相关试验研究与文本整理工作，在此对他们表示衷心感谢。由于作者的水平有限，书中难免有疏漏之处，敬请同行和广大读者批评指正。

金祖权

2020 年 5 月于青岛

目 录

第1章　绪　　论

1.1　清水混凝土

清水混凝土是直接利用混凝土成型后的自然质感作为饰面效果的混凝土[1]，因其极具装饰效果又称装饰混凝土[2]。清水混凝土通过入模后一次成型，直接以混凝土天然表面作为饰面来使用，不再进行刷涂以及装饰程序。因此，与普通的混凝土结构相比，清水混凝土结构有着表面完整，色泽均匀，表面没有剔凿和碰损等特点，显得浑然天成，天然而庄重，是一种既环保又美观的混凝土结构。清水混凝土是最朴素的建筑语言，也是混凝土材料中最高级的表达形式，它显示的是一种最本质的美感，体现的是"素面朝天"。它使混凝土更加富有表现力，充分强调了造型的艺术性、材料的特异性。

清水混凝土技术的演变可以大致划分为原始清水混凝土时期、普通清水混凝土时期、饰面清水混凝土时期、装饰清水混凝土时期四个阶段。

（1）原始清水混凝土时期是指现代混凝土刚刚发展的阶段，人们保留了新建混凝土结构原始的状态，没有对结构面进行抹灰工序，而这种建筑物在当时只是被当做一种装饰品，其在现代建筑中慢慢地被淘汰。

（2）普通清水混凝土主要是指用于桥梁工程、水利工程等工程中的混凝土，其外观质量的要求相对较低，要求没有明显的麻面、蜂窝和漏筋等工程质量缺陷，并在脱模后外表面颜色在视觉范围内无明显色差，外表平整度及光洁度比普通混凝土建筑物有着更高的要求。

（3）饰面清水混凝土包括了高级清水混凝土、镜面清水混凝土和彩色清水混凝土，是当今世界上应用最广泛的清水混凝土[3]。饰面清水混凝土的使用，是清水混凝土发展史上的一个新高度。它的出现使得之前大规模用于桥梁、市政工程的清水混凝土开始转向了民用建筑领域。饰面清水混凝土要求混凝土模板的对拉螺栓孔眼、明缝、暗缝组合形成自然状态作为饰面效果，这对于模板工程的实施无疑是一次巨大的挑战。因此，饰面清水混凝土的出现，对于模板工程、混凝土制备、浇筑和养护来说，无疑是一次技术性的革命。其中，镜面清水混凝土要求在成型后的混凝土结构表面不能出现对拉螺栓的孔眼、混凝土结构表面基本无明缝等。严苛的技术及模板要求使得混凝土表面的平整度等指标达到类似"镜面"的效果，甚至可以做出类似于大理石表面一样的艺术效果。彩色清水混凝土根据外观需要呈现出不同颜色，配合光学原理，呈现出一定的视觉效果。

（4）装饰清水混凝土也称艺术清水混凝土，是未来清水混凝土发展的趋势。其中包括了彩绘清水混凝土、浮雕清水混凝土和雕塑清水混凝土等，使用混凝土直接体现结构的外观装修效果，是建筑艺术与现代工业技术完美结合的载体[4]。清水混凝土作为一种先进混凝土技术的代表，自从出现以来，就受到建筑师以及使用者的追捧。历经几十年不断地改进与发展，更加充分地体现出清水混凝土技术在现代施工技术中的独特性与优越性，在未来也会不断地被推广与应用[5]。

与普通混凝土相比，清水混凝土具有以下特点：

（1）质量方面：清水混凝土建（构）筑物表面基本不需要涂装，在人的视觉范围内混凝土表面颜色无明显色差，在模板工程中已预留出包括走线、暖通及给排水等所有的孔洞，表面平整，不允许任何的剔凿修补，是现代施工技术中先进技术的代表，是现代施工企业争相引进并使用的施工工艺[6-7]。

（2）成本方面：清水混凝土结构在拆除模板后，只需要对混凝土结构表面刷涂表面保护剂，就可以达到装饰效果，省去了抹灰、刷涂乳胶漆及贴纸等装修工序，从而减少了装修原材料和人工费用[8-9]。

（3）消除质量通病方面：清水混凝土在施工过程中取消了抹灰等工序，从而杜绝了在抹灰工程中容易出现的空鼓、脱落和裂缝的质量通病。在民用建筑中，剔除抹灰以及装修工序，意味着房间可以获得更大的开间与房屋净高，这对于房屋使用者无疑是一个好消息。

（4）社会环境效益方面：清水混凝土技术取消抹灰，减少了湿作业，提高了现场文明施工程度，减少了建筑垃圾产生；节省了相应工序所花费的施工时间，这样就可以加快施工速度，使工程尽可能早地投入到生产使用中，节省社会资源[10]。

1.2　清水混凝土发展现状

英国于1835年建造了世界上第一座清水混凝土建筑，但当时清水混凝土的抗拉强度比较低，致使制作的建筑在承受一定的弯矩与拉力时容易断裂，极大限制了清水混凝土的应用。第二次世界大战以后，欧美等一些经济发达国家和地区开始广泛使用清水混凝土技术来建造房屋，但早期清水混凝土建造的房屋耐久性较差，极容易潮湿变色[11]。第二次世界大战后，日本率先引入清水混凝土技术，用于部分建筑的战后重建工作。自此，清水混凝土技术在日本得以推广。他们不再拘泥于传统的混凝土施工工法，在清水混凝土的表面处理手段上进行了技术革新，充分利用了当时最先进的外墙修补修复技术，在混凝土模板拆除后对混凝土表面进行处理，既节省了资金，同时又保留了混凝土表面原始朴素的艺术效果，令墙体表面平滑而精致。清水混凝土的设计理念被认为接近于东方禅学无为而治的思想，被誉为“清水混凝土诗人”的安藤忠雄是日本清水混凝土设计的代表人物。目前，清水混凝土已经在国外的一些地标性建筑，如体育馆、教堂和剧院等大型建筑中得以应用，使清水混凝土在这些国家得到了长足的发展，更被赋予了建筑与人文和谐的特殊意义。德国、美国、日本等发达国家在清水混凝土技术方面的相关规范、标准比较齐全，技术也相对成熟。例如，由德国混凝土建筑技术协会和德国联邦混凝土工业协会编写的《清水混凝土说明书》中给出了清水混凝土评级方法，指标包括：混凝土外观纹理、气孔分布、色泽均匀程度、平整度、错台、漏浆及模板拼装允许偏差等。

20 世纪 80 年代，清水混凝土技术被引入我国，并在特定的建筑物上进行了实际应用。但受限于当时国内人们观念和技术等方面的原因，人们对清水混凝土技术没有给予足够的重视，这使得清水混凝土在我国的应用和发展几乎处于一种停滞的状态。直到 1995 年，随着一系列模板标准的颁布，以及专业模板公司的出现，我国清水混凝土技术的发展进入了一个崭新的阶段，质量达到了不抹灰直接上腻子、涂面漆的效果。随着社会、经济的不断发展，国内建筑业在技术、施工观念上不断地成熟，使得清水混凝土技术在国内的发展越来越快。1997 年，北京市设立了“结构长城杯工程”，促进清水混凝土施工技术在我国的推广。一些大型清水混凝土建筑不断出现，如首都机场 T3 航站楼、上海浦东国际机场航站楼、上海东方明珠大型斜筒体等都采用了清水混凝土技术。2000 年前后，清水混凝土技术日趋成熟，混凝土观感质量在光泽和平整度等方面可达到“镜面”效果，并更加注重细部和整体艺术效果，得到业界的认可和青睐[12]。随着绿色建筑的客观需求，人们环保意识的不断提高，我国也在上海杨浦大桥、上海磁悬浮高速列车工程高架、东方峡输变电工程中的龙泉变电站、联想（北京）研发中心、北京奥运会建设项目国家网球馆、上海世博会世博轴工程、港珠澳大桥等交通基础设施工程、工业设施工程、民用建筑工程和地标性建筑工程部分构件中大量使用了清水混凝土[13-20]。目前，颁布实施的清水混凝土相关行业标准包括：建筑工程行业标准《清水混凝土应用技术规程》（JGJ 169—2009）和水利水电行业标准《水电水利工程清水混凝土施工规范》（DLT 5306—2013），地方标准包括：北京市地方标准《建筑施工清水混凝土技术规程》（DB11/T 464—2015）和四川省地方标准《桥梁高性能清水混凝土技术规程》（DB51/T 1994—2015）等。但上述相关规程中对清水混凝土的技术要求不尽相同，造成清水混凝土质量控制多样化，系统性和规范性尚有欠缺。由于清水混凝土缺少涂装工序，严酷环境下的耐久性问题突出。清水混凝土在耐久性上的限定是否应区别于普通混凝土，相关规程中并没有明确的要求，现有修补技术和保护技术多研究其对混凝土外观的影响，而修补及维护之后的耐久性问题则未提及。

1.3 典型工程案例

(1) 青岛卓亭广场[21,22]

青岛市卓亭广场工程位于青岛经济技术开发区江山路666号，由青岛城市经营有限责任公司开发，莱西市建筑总公司承建。工程于2005年11月开工，2008年4月竣工。该工程外墙清水混凝土的强度分为四个等级：12层以下为C50；13层至20层为C45；21层至26层为C40；27层以上为C35。由于主体结构混凝土强度不同，加上春、夏、秋、冬四个季节的气候、温度变化，给1号、2号楼主体结构清水混凝土施工带来了诸多影响质量和外观的不利因素。工程通过优选原材料和优化清水混凝土配合比减少混凝土色差；通过合理的浇筑工艺保持混凝土色泽均匀，减少气泡率；通过合理的模板设计控制混凝土表面平整度、线条及拼缝平顺度来保证近看混凝土外观质量；通过设置交圈的明缝条和整齐的对拉孔眼来保证远观达到整齐划一；通过涂刷保护材料，防止清水混凝土受到污染和提高混凝土耐久性。竣工后的清水混凝土外观见图1-1。该项目被青岛市建委建管局作为“青岛市清水混凝土结构示范工程”在全市进行推广，并且获得了2009年度中国建设工程“鲁班奖”（国家优质工程）。

图1-1　卓亭广场

(2) 联想北京研发基地工程[23-25]

联想北京研发基地工程是2003年北京市60大重点工程之一，该工程由联想集团（北京）公司投资兴建，中建三局（北京）总承建，北京市建筑设计研究院设计。工程位于北京中关村上地信息产业基地1号地块，占地面积54609m^2，总建筑面积96156m^2，建筑高度为20～35m，为框架剪力墙结构。该项目合理设置明缝、蝉缝及对拉螺杆孔，明缝与施工缝重合，采取了针对性的止浆措施。清水混凝土配合比采用双掺矿粉和粉煤灰的技术措施。模板选用钢木组合体系模板，即主龙骨为10号槽钢，次龙骨采用S150型铝梁，面板采用从芬兰进口的维萨模板，对预埋件进行细节设计，并通过样板墙试验进行验证和改进。采用涂刷养护剂、洒水养护与铺设塑料薄膜等方案进行养护，养护时间不少于14d。后续工序施工时注意对清水饰面混凝土的保护，避免人为污染或损坏。施工完成后，涂刷高耐久性的常温固化氟树脂透明保护涂料，在混凝土表面形成透明保护膜，使表面质感及颜色均一，提高混凝土外观效果，如图1-2所示。本工程为国内首

图 1-2　联想北京研发基地清水混凝土工程

例大面积清水饰面混凝土工程，清水饰面混凝土面积达到了 45000m²。该工程获北京市 2003 年度结构“长城杯”金奖。

（3）深圳地铁 7 号线皇岗口岸站[26]

深圳地铁 7 号线是联系特区内主要居住区与就业区的局域线，线路全长 30.173km，设站 28 座，于 2016 年 10 月 28 日开通试运营。其中，皇岗口岸站是国内首次在地下工程中采用清水混凝土的，也是深圳地铁三期车站唯一作为清水混凝土试点的车站。车站的站厅层公共区侧墙、隔墙、立柱、下沉广场外露部分墙体均采用了饰面清水混凝土。相关技术如下：

① 整体方面，外观造型采用横向装饰缝、对拉螺杆孔来增加清水混凝土的整体观感；装饰缝间隔约 1.05m，对拉螺杆孔孔径约 3 ~ 4cm，间距约 40 ~ 50cm；墙体单段分段施工长度约 20 ~ 24m，蝉缝与施工缝处不设置明缝。混凝土施工产生的色差、大缺陷、裂缝、施工缝及蝉缝靠表面刷涂 3 层涂层保证外观色泽均匀。

② 混凝土制备方面，侧墙和隔墙混凝土强度等级为 C35，立柱强度等级为 C50，采用双掺粉煤灰和矿粉的方式进行配制，并针对性地提出了部分原材料、配合比及耐久性控制措施。

③ 模板及支护体系方面，采用钢框木模结构形式，利用槽钢支撑；采用进口 WISA 木模板，脱模剂采用油性脱模剂。

④ 对拉方面，采用高强对拉螺杆和防水对拉螺杆两种方式进行，并用防水砂浆和堵头及密封胶密封。

⑤ 分段施工及裂缝控制方面，墙体单段分段长度为 20 ~ 24m，在正式施工过程中为降低混凝土的温度和开裂风险，在混凝土搅拌过程中加入冰块，进而降低混凝土的出机温度和浇筑温度，控制浇筑温度不大于 28℃。

⑥ 表面保护剂方面，保护剂采用清水混凝土专用保护剂，分底层、中层和面层三层，分别进行调色和密闭保护。底漆为调色层，处理混凝土的色差、施工缝、大气泡等缺陷，然后进行密闭保护。下沉式广场和站台层侧墙效果如图 1-3 所示。

图 1-3　深圳地铁 7 号线皇岗口岸站下沉式广场和站台层侧墙

（4）港珠澳大桥人工岛及岛上建筑[27-30]

港珠澳大桥是连接香港、珠海和澳门两岸三地的世纪工程，被誉为“新世界七大奇迹”，全长 55km，主体工程“海中桥隧”长 35.578km，包含离岸人工岛及海底隧道，是目前全球最长的跨海大桥。港珠澳大桥岛隧工程建设中一项值得称道的创新，就在于清水混凝土的大规模应用。人工岛挡浪墙、敞开段侧墙和中墙、以及岛上酒店建筑等大规模采用了清水混凝土，混凝土强度等级为 C30、C45 和 C50，使用面积达到 5 万平方米。该清水混凝土工程涉及到大体积混凝土、超高构件、耐久性等问题，施工难度大。针对本工程 120 年的设计使用年限，在工程前期准备阶段参考国内外现行规范、标准，结合工程的自身特点制定了《港珠澳大桥岛隧工程人工岛清水混凝土技术标准》《港珠澳大桥岛隧工程清水混凝土施工规程》等专用标准。全面规定了清水混凝土施工过程中关于原材料、配合比、混凝土生产和运输、模板的制作和安装、混凝土垫块、钢筋和预埋件的处理、浇筑及振捣、拆模和养护、成品保护等影响混凝土外观的各项技术措施，以确保各结构满足设计使用年限 120 年的同时，混凝土外观质量达到清水混凝土标准。该工程制备了水运工程高耐久性清水混凝土；选用了德国 PERI 公司的木模板及支护体系，采用了高频振捣棒、脱模剂、混凝土浇筑施工振捣工艺及保护剂，东人工岛敞开段墙身采用模板台车体系，减少了频繁吊装对模板造成的损坏，提高了可操作性及施工功效；通过合理设置明缝、蝉缝和对拉螺杆孔等提升清水混凝土的观感，使其外观色泽均匀明亮，明缝、蝉缝和对拉螺杆孔整齐化一，取得了很好的效果，如图 1-4 和图 1-5 所示。针对环岛挡浪墙大体积素清水混凝土裂缝控制要求，进行分段施工（分段长度为 9m），严格控制混凝土入模温度，并在墙体中布设两层冷却水管，而且将墙体与底板清水混凝土分次浇筑间隔时间控制在 10d 以内。实测墙体内外温差只有 8 ~ 10℃，挡浪墙体清水混凝土表面未发现裂缝。

图1-4 防浪墙

图1-5 东人工岛海景酒店

1.4 清水混凝土耐久性与饰面性研究

作为一种装饰混凝土，清水混凝土除了要满足力学性能和耐久性能要求外，还要满足服役环境条件下外观装饰效果的要求。当清水混凝土外观有明显色差、破损、蜂窝、麻面等质量缺陷时，就失去了原有的饰面效果。为此，国内外学者研究了清水混凝土外观质量的影响因素。张栋樑等[31]研究了清水混凝土原材料、混凝土搅拌、运输、模板类型、脱模剂等对南京南火车站清水混凝土外观质量的影响。邓伟勇[32]建立了涵盖清水混凝土配合比设计、钢筋加工制作、模板设计等要素的管理办法，确保了广东海上丝绸之路博物馆弧形拱部位清水混凝土的外观质量。黄快忠等[33]研究发现，通过掺入引气剂或消泡剂，可以优化清水混凝土的表观形貌。牟廷敏等[34]通过调控清水混凝土黏度来解决粉煤灰上浮问题，提高掺加粉煤灰清水混凝土的饰面效果。崔鑫等[35]通过采取措施防止模板漏浆、失水，充分振捣防止泌水，有效解决了清水混凝土表面出现黑斑的问题。周苋东等[36]提出了湿修法、干修法等修补措施用于清水混凝土后期修补，以确保其饰面效果。汪华文等[37]结合港珠澳大桥清水混凝土工程，提出了52个清水混凝土施工质量控制关键点，并通过模型试验和实际工程进行了验证，为国内清水混凝土工程提供依据。Doris Strehlein 等[38]总结了冬季施工条件下，环境温度、湿度对清水混凝土表面黑斑的影响规律。但清水混凝土结构一旦服役就会受到周围环境腐蚀介质的侵蚀，这可能会影响到清水混凝土的外观质量，目前这个方面的研究并不多。

1.5 滨海环境对清水混凝土耐久性的影响

青岛海域海水中离子浓度如表1-1所示。从表中可以看出，海水中含有大量的氯离子和硫酸根离子。氯离子的侵蚀将会引发钢筋锈蚀，硫酸根离子腐蚀后会生成钙矾石和石膏等物质，导致混凝土膨胀开裂。海洋环境按腐蚀情况可分为大气区、潮汐区、水下区、浪溅区四个腐蚀区域。不同区域对混凝土结构的腐蚀程度不同。

表 1-1　青岛海域海水水质分析结果（mg/l）

海水潮位	NO_3^-	HCO_3^-	SO_4^{2-}	Cl^-	NH_4^+	Ca^{2+}	Mg^{2+}	侵蚀性 CO_2	固形物	pH 值
低潮	12.60	177.30	2359.90	17587.40	0.04	258.90	1204.40	0.00	32543	6.90
高潮	12.76	161.29	2176.12	17533.33	<0.04	407.83	1177.38	4.65	32284	6.98
平均	12.68	169.30	2268.01	17560.37	0.04	333.37	1190.89	2.33	32413.5	6.94

由于海水蒸发以及波浪作用，沿海地区盐雾频发。青岛地区海雾时间一年大约 58 天。2017 年青岛小麦岛海洋暴露站大气区盐雾沉降与降水中腐蚀离子情况如表 1- 2 所示。从表中可以看出，氯离子和硫酸根离子不仅存在于海水中，而且存在于沿海地区的降雨和盐雾中。海雾中的腐蚀离子浓度随着离海距离的增大而减小。所以，滨海地区的混凝土经常会由于盐雾腐蚀而引起破坏。

表 1-2　2017 年青岛小麦岛暴露站大气区腐蚀离子分析

试验站：青岛大气站　　　　　　2017 年

月份	瞬时法（mg/m^3）		连续法（每日 $mg/100cm^2$）					雨水分析（mg/m^3）			自然降尘量（每月 g/cm^2）	
	二氧化硫	氯化氢	二氧化氮	硫化氢	硫酸盐化速率	氨	海盐粒子	pH 值	硫酸根离子	氯离子	水溶性	非水溶性
1	0.0014	0.0143	0.0694	0.0396	0.1436	0.0047	0.0645	6.28	1900	5000	0.8206	0.8007
2	0.0011	0.0258	0.0394	0.0176	0.0477	0.0022	0.1109	6.24	1700	4200	1.323	2.0839
3	0.0031	0.0513	0.027	0.0211	0.1107	0.0035	0.0532	6.41	17300	2800	1.0992	1.8949
4	—	—	0.0373	0.0135	0.1065	0.0041	0.1004	4.7	3800	6500	1.5319	3.1881
5	0.0001	0.0198	0.0409	0.0163	0.1011	0.0043	0.1541	4.84	3800	4400	1.9099	2.8151
6	0.0006	0.0165	0.0224	0.0111	0.0427	0.0052	0.517	5.96	6250	20850	1.9994	2.4918
7	0.0004	0.0074	0.0251	0.0045	0.0432	0.0072	0.1209	6.72	2150	1290	2.5713	2.4619
8	0.0004	0.1199	0.0267	0.0023	0.0583	0.0072	0.2022	5.93	1135	2208	7.2067	0.8704
9	0.0000	0.0444	0.0429	0.0449	0.0524	0.0073	0.2360	5.05	6463	2085	4.5608	0.9649
10	0.0008	0.0324	0.0568	0.0113	0.0695	0.0058	0.1538	5.88	240	2450	5.2372	2.1386
11	0.0014	0.0106	0.0625	0.0056	0.0357	0.0059	0.1591	0.00	0	0	2.3028	1.9546
12	0.0015	0.0302	0.0768	0.0028	0.0812	0.0056	0.0445	0.00	0	0	2.0143	1.7607
合计	0.0108	0.3726	0.5272	0.1906	0.8926	0.063	1.9166	58.01	44738	51783	32.5771	23.4256
平均	0.0010	0.0339	0.0439	0.0159	0.0744	0.0053	0.1597	4.83	3728	4315	2.7148	1.9521

两个典型滨海盐渍土地区工程项目地下水的腐蚀性评价表如表 1-3 和表 1-4 所示。从表中可以看出，两个典型工程地下水中的 SO_4^{2-} 和 Cl^- 含量都非常高。工程一地下水中的 SO_4^{2-} 浓度约为海水中 SO_4^{2-} 浓度的 2 倍，Cl^- 浓度约为海水中 Cl^- 浓度的 2.2 倍。工程二地下水中的 SO_4^{2-} 浓度约为海水中 SO_4^{2-} 浓度的 2 倍，Cl^- 浓度约为海水中 Cl^- 浓度的 1.1 倍，地下水对混凝土结构具有强腐蚀性。

表 1-3　工程一地下水的腐蚀性评价表

钻孔编号	类型	试验成果指标							对建筑材料的腐蚀性评价			
		SO_4^{2-}	Mg^{2+}	总矿化度	pH值	侵蚀性 CO_2	HCO_3^-	Cl^-	混凝土结构		钢筋混凝土结构中的钢筋	
		mg/L	mg/L	mg/L		mg/L	mmol/L	mg/L	长期浸水	干湿交替	长期浸水	干湿交替
M8Z2-SHD-24	地表水	1248.78	182.32	4673.24	8.1	4.49	4.187	1700.71	弱	弱	微	中
M8Z3-THZ-24	基岩裂隙承压水	4274.67	3731.59	76124.15	6.7	0.0	5.004	44313.39	强	强	—	强
M8Z3-THZ-24-1	基岩裂隙承压水	4370.73	3597.88	75099.44	6.8	2.25	4.595	43553.73	强	强	—	强
M8Z3-SHD-143	基岩裂隙承压水	3362.10	3208.92	61550.72	7.4	0.0	5.718	35957.15	强	强	—	强
M8Z3-SHD-126	基岩裂隙承压水	2328.49	1595.95	42713.90	7.5	19.98	7.218	24513.99	中	中	—	强
M8Z3-SHD-143	地表水	1440.90	1397.83	25252.87	8.0	0.0	11.845	14433.50	弱	弱	弱	强

表 1-4　工程二地下水腐蚀性评价表

孔号	按环境类型										按地层渗透性			
	环境类型	指标	SO_4^{2-} (mg/L)		Mg^{2+} (mg/L)		NH_4^+ (mg/L)		矿化度 (mg/L)		判别类型	指标	pH 值	侵蚀性 CO_2 (mg/L)
4#	Ⅱ	含量	4333.31		885.24		<1		28942.37		A	含量	7.1	0.00
		干湿交替作用	有	无	有	无	有	无	有	无		等级	微	微
		等级	强	强	微	微	微	微	弱	弱				
39#	Ⅱ	含量	3132.52		832.39		<1		28793.40		A	含量	6.9	0.00
		干湿交替作用	有	无	有	无	有	无	有	无		等级	微	微
		等级	强	中	微	微	微	微	弱	弱				
70#	Ⅱ	含量	2297.18		1202.34		<1		34820.06		A	含量	7.6	0.00
		干湿交替作用	有	无	有	无	有	无	有	无		等级	微	微
		等级	中	中	微	微	微	微	弱	弱				
111#	Ⅱ	含量	4437.73		885.24		<1		27336.51		A	含量	7.1	0.00
		干湿交替作用	有	无	有	无	有	无	有	无		等级	微	微
		等级	强	强	微	微	微	微	弱	弱				
BS41#	Ⅱ	含量	3097.33		1454.09		<1		33615.78		A	含量	7.6	0.00
		干湿交替作用	有	无	有	无	有	无	有	无		等级	微	微
		等级	强	中	微	微	微	微	弱	弱				

地下水对钢筋混凝土结构中钢筋的腐蚀性

孔号	浸水状态	水中的 Cl^- 含量 (mg/L)	腐蚀等级
4#	长期浸水	14040.97	弱
	干湿交替		强
39#	长期浸水	15001.94	弱
	干湿交替		强
70#	长期浸水	19646.67	弱
	干湿交替		强
111#	长期浸水	12973.21	弱
	干湿交替		强
BS41#	长期浸水	18322.69	弱
	干湿交替		强

从上面的分析可以看出，北方滨海环境下的清水混凝土结构，不仅受到碳化、冻融等环境作用，还要受到氯离子侵蚀、硫酸盐腐蚀作用。氯离子侵蚀和硫酸盐腐蚀不仅会影响钢筋混凝土结构的耐久性，而且会对清水混凝土的饰面效果产生不利影响。孙宗全等[39]通过掺加掺合料及外加剂来增强清水混凝土的耐化学腐蚀性能和抗物理侵蚀能力，并通过分析高性能清水混凝土的抗碳化、抗氯离子与硫酸盐侵蚀、抗污染等性能，制备了高性能清水混凝土。陈晓芳等[40]系统研究了不同粉煤灰掺量清水混凝土的抗冻性、抗氯离子渗透性等。周孝军等[41]提出了桥梁清水混凝土耐久性的设计方法，并制备出满足工程要求的高性能清水混凝土，在此基础上研究了其体积变形、微观孔结构特征等。陶叶平等[42]研究了海水侵蚀环境下粉煤灰掺量对清水混凝土耐久性的影响，优化了清水混凝土配合比。李松凡[43]研究了不同类型清水混凝土保护剂对清水混凝土耐久性能的影响。可以看出，滨海服役环境下清水混凝土的耐久性和饰面性问题已受到学者的关注，但还缺乏系统性研究。如何制备兼顾工作性、力学性能、耐久性和饰面性优异的清水混凝土是滨海环境下清水混凝土推广应用亟待解决的问题。另外，初期效果良好的清水混凝土能否在滨海环境服役过程中仍能保持其美观性和耐久性是亟待解决的另一关键问题。

第 2 章　清水混凝土制备及性能研究

清水混凝土凭借其对环境友好、综合造价低、艺术观感良好等优点，正逐渐受到人们的重视并加以推广应用。然而，滨海环境对清水混凝土耐久性提出了更高的要求。本章基于当地原材料，利用多重复合技术制备系列清水混凝土，建立了清水混凝土抗压强度与胶凝材料用量、水胶比的关系。优选出不同强度等级的系列清水混凝土，系统研究其收缩性能，抗碳化性能，抗冻性能，抗氯离子侵蚀性能，以及抗硫酸盐腐蚀性能。结合成本分析，得到了适用于滨海环境的 C40 ~ C60 强度等级清水混凝土推荐配合比。

2.1　混凝土原材料及其性能要求

根据《清水混凝土应用技术规程》(JGJ 169—2009)、《混凝土结构耐久性设计规范》(GB/T 50476—2019)、《建设用砂》(GB/T 14684—2011)、《建设用卵石、碎石》(GB/T 14685—2011)、《通用硅酸盐水泥》(GB 175—2007)、《用于水泥和混凝土中的粉煤灰》(GB/T 1596—2017)、《用于水泥和混凝土中的粒化高炉矿渣粉》(GB/T 18046—2017)、《砂浆和混凝土用硅灰》(GB/T 27690—2011) 和《混凝土外加剂应用技术规范》(GB 50119—2013) 等，提出滨海环境清水混凝土原材料性能指标要求如下:

(1) 细骨料：宜采用细度模数为 2.4 ~ 2.9 的河砂，不得采用海砂，含泥量 ≤1.5%，泥块含量应 ≤0.8%，硫化物及硫酸盐含量应 ≤0.5%，氯离子含量 ≤0.02%，0.315mm 以下细颗粒含量 ≥10%，0.15mm 以下细粉含量应 ≥3%，严禁使用有碱-集料反应危害的集料。

(2) 粗骨料：宜采用质地均匀坚固，粒形和级配良好、吸水率低、孔隙率小的连续级配碎石，粗骨料针片状颗粒含量 ≤10%，压碎值 ≤12%，含泥量应 ≤1%，泥块含量 ≤0.5%，吸水率 ≤1.0%，硫化物及硫酸盐含量 ≤0.5%，严禁使用有碱-集料反应危害的集料。

(3) 水泥：宜选择强度等级不低于 42.5 的普通硅酸盐水泥或者硅酸盐水泥，比表面积 ≤400m^2/kg，初凝时间 ≥45min，终凝时间 ≤600min，MgO 含量 ≤5%，碱含量 ≤6%，C_3A 含量 ≤8%，氯离子含量 ≤0.06%，烧失量小于 3.5%。

(4) 粉煤灰：宜选择 F 类 Ⅰ 级粉煤灰，45μm 方孔筛余 ≤12%，需水量比 ≤95%，烧失量 ≤5%，SO_3 含量 ≤3.5%，游离 CaO 含量 ≤1%，放射性合格。

(5) 矿粉：宜选择 S95 级矿粉，流动度比 ≥95%，烧失量 ≤3%，SO_3 含量

≤4%，氯离子含量≤0.06%，玻璃体含量≥85%，放射性合格。

（6）硅灰：总碱量≤1.5%，SiO_2 含量≥85%，烧失量≤4.0%，需水量比≤125%，氯离子含量≤0.1%，比表面积应≥15m^2/g，活性指数（7d 快速法）≥105%，放射性合格。

（7）减水剂：宜选用聚羧酸类高效减水剂，减水率≥28%，泌水率比≤60%，1h 经时变化量坍落度≤20mm，2h 经时变化量坍落度≤40mm，28d 收缩率比≤100%。

依据青岛地材情况，本研究选择清水混凝土用原材料如下：P·I 52.5 水泥，I 级粉煤灰，S95 级矿粉，硅灰，减水率为 30% 的聚羧酸高效减水剂，细度模数为 2.6 的河砂，5～25mm 连续级配的花岗岩石子，自来水等原材料。相关原材料性能指标如表 2-1～表 2-7 所示。

表 2-1　水泥物理力学性能指标（MPa）

抗压强度		抗折强度		安定性（沸煮法）
3d	28d	3d	28d	合格
20.1	61.3	6.3	7.6	

表 2-2　水泥成分分析（%）

CaO	SiO_2	CO_2	Al_2O_3	MgO	Fe_2O_3	SO_3	K_2O	TiO_2	Na_2O	MnO
52.7	19.9	9.5	6..4	4.6	2.8	2.6	0.7	0.4	0.2	0.1

表 2-3　粉煤灰成分分析（%）

SiO_2	Al_2O_3	CaO	Fe_2O_3	K_2O	SO_3	MnO	TiO_2	NaO_2	P_2O_5
58.10	31.79	1.83	3.76	1.51	0.51	0.02	1.57	0.36	0.20

表 2-4　矿粉成分分析（%）

CaO	SiO_2	Al_2O_3	MgO	CO_2	SO_3	TiO_2	MnO	K_2O	Fe_2O_3	Na_2O	BaO	SrO
36.4	29.1	14.3	8.9	5.6	2.0	1.6	0.6	0.6	0.3	0.3	0.1	0.08

表 2-5　硅灰成分分析（%）

SiO_2	K_2O	MgO	Fe_2O_3	CaO	Al_2O_3	SO_3	Na_2O	ZnO	MnO
89.9	2.5	1.9	1.7	1.2	0.9	0.8	0.7	0.2	0.1

表 2-6　粉煤灰技术指标

细度	需水量比	烧失量比
2.4%	0.95	1%

表 2-7　碎石筛余及累计筛余量

筛孔尺寸（mm）	筛余质量分数（%）	累计筛余（%）
26. 5	3	3
19. 0	44. 3	47. 3
16. 0	19. 6	66. 9
9. 5	32. 4	99. 3
4. 75	0. 7	100
累计	100	—

2. 2　混凝土配合比

本研究针对 C40 ~ C60 强度等级混凝土进行适配，采用大掺量矿物掺合料体系降低混凝土水化热，降低温度裂缝发生的概率，从而减少了外界侵蚀性介质侵入混凝土的通道，提高混凝土的完整性、安全性和耐久性，并有效降低清水混凝土的成本。因此，本研究利用粉煤灰、矿粉和硅灰作为辅助胶凝材料，并控制矿物掺合料掺量在 40% ~50%。试验中胶凝材料总量控制为 350kg/m^3、390kg/m^3、430kg/m^3、470kg/m^3，砂率统一为 40%，减水剂用量为胶凝材料用量的 1. 3%，所有配合比均保证塌落度为 180 ~220mm，通过调整拌和水的用量，达到工作性要求。混凝土配合比如表 2-8 所示。

表 2-8　清水混凝土试验配合比

编号	胶凝材料（kg/m^3）	水泥（kg/m^3）	矿粉（kg/m^3）	粉煤灰（kg/m^3）	硅灰（kg/m^3）	砂（kg/m^3）	石子（kg/m^3）	减水剂（kg/m^3）
A1	350	210	70	70		744	1116	4. 6
A2	390	234	78	78		737	1106	5. 1
A3	430	258	86	86		729	1093	5. 6
A4	470	282	94	94		714	1070	6. 1
B1	350	210	70	59	11	744	1116	4. 6
B2	390	234	78	66	12	737	1106	5. 1
B3	430	258	86	73	13	729	1093	5. 6
B4	470	282	94	78	14	714	1070	6. 1
C1	350	175	87	88		744	1116	4. 6
C2	390	195	97	98		737	1106	51
C3	430	215	107	108		729	1093	5. 6
C4	470	235	117	118		714	1070	6. 1
D1	350	175	87	77	11	744	1116	4. 6
D2	390	195	97	86	12	737	1106	5. 1
D3	430	215	107	95	13	729	1093	5. 6
D4	470	235	117	103	14	714	1070	6. 1

混凝土制备试验中，按照粗集料、细集料、胶凝材料的顺序依次加入混凝土搅拌机中干搅1min，使其充分混合，然后加水搅拌，持续搅拌至3min，在搅拌过程中根据混凝土的实际坍落度值来控制混凝土拌和用水量。清水混凝土成型过程如下：将模具内涂刷清水混凝土专用水性脱模剂，然后将其置于振动台上振实，将混凝土内部的气泡排出。一般情况下，普通混凝土振动时间为1min，考虑混凝土内部气泡对于清水混凝土表面完整度及光洁度的影响，依据《清水混凝土应用技术规程》(JGJ 169—2009)，适当延长振动时间至1.5min。试块成型后立即用不透水薄膜覆盖表面，防止水分蒸发导致试块塑性开裂。试块成型养护1d后拆模。试块拆模后移入混凝土标准养护室中进行养护，标准养护至规定龄期后测试其力学性能和耐久性能。

2.3　清水混凝土工作性

混凝土的工作性通常用和易性表示。和易性是指混凝土易于施工操作（拌和、运输、浇注）并能获得质量均匀、成型密实的性能。它包括流动性、黏聚性、保水性三方面。流动性取决于拌合物中的单位用水量或水泥浆含量，实质上由单位用水量控制；黏聚性和保水性取决于拌合物中细集料用量和水泥浆稠度，实质上由砂率和胶凝材料用量控制。和易性是一项综合性能，至今尚没有全面反映新拌混凝土和易性的测试方法。通常是测试新拌混凝土的流动性，作为和易性的一个评价指标，辅以直观经验观察黏聚性和保水性[44]。

考虑到清水混凝土泵送施工的工作性要求，通过调整用水量控制塌落度在180～220mm范围内。不同胶凝材料体系混凝土单方用水量如图2-1所示。从图中可以看出：(1) 随着胶凝材料总量的增加，A、B、C、D四个系列混凝土拌和用水量均增加。但在保证坍落度相同的情况下，随着胶凝材料用量的增加，清水混凝土的水胶比逐渐减小。这是因为随着胶凝材料用量的增加，有更多的胶凝材料包裹在集料周围，使得在坍落度相同的情况下，胶凝材料用量高的混凝土会比胶凝材料用量低的混凝土有着更低的水胶比，混凝土的自由水更少、密实度增加，有助于提高混凝土的强度和耐久性。(2) 当胶凝材料用量相同时，矿物掺合料用量达到50%的C、D系列相比于矿物掺合料用量为40%的A、B系列用水量更少。这主要是因为粉煤灰颗粒粒径小，可以有效分散在胶凝材料颗粒之间，阻止了水

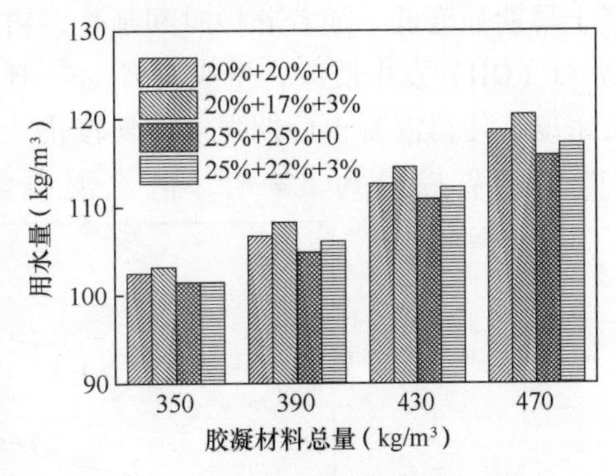

图2-1　不同矿物掺合料下用水量与胶凝材料总量关系

泥颗粒间的相互粘聚，促使水泥颗粒等呈现出分散状态。另外，粉煤灰呈现球形，可起到滚珠效应，与水泥颗粒组成了合理的微级配，减少填充水数量，提高堆积密度，具有减水作用，使新拌混凝土工作性能更加优良，硬化混凝土微结构更加均匀密实[45]。(3) 当胶凝材料用量相同时，硅灰的掺入会增大混凝土的拌和用水量。以胶凝材料体系 A 与胶凝材料体系 B 为例，在胶凝材料总量分别为 $350kg/m^3$、$390\ kg/m^3$、$430\ kg/m^3$、$470\ kg/m^3$下，胶凝材料体系 B 相比胶凝材料体系 A 的拌和用水量分别增加了 0.7%、1.5%、1.7%、1.5%。这是因为硅灰的粒径只有水泥颗粒的 1/50～1/100，比表面积大，湿润所需水量增加。

2.4 清水混凝土力学性能

2.4.1 清水混凝土抗压强度

清水混凝土 3d、7d、28d 抗压强度与胶凝材料用量的关系如图 2-2～图 2-4 所示。从图中可以看出：(1) 当矿物掺合料种类相同、胶凝材料总用量相同时，矿物掺合料掺量越大，清水混凝土后期强度增长幅度越大。以 A3、C3 为例，A3 组清水混凝土试件 3d 强度为 34.2MPa，28d 强度为 62.1MPa，其增长幅度为 81.6%；C3 组清水混凝土试件 3d 强度为 27.9MPa，28d 强度为 60.8MPa，其增长幅度约 118%。粉煤灰掺量为 25% 的清水混凝土的强度增长幅度相比于 20% 粉煤灰掺量清水混凝土的强度提升幅度更大。这是由于粉煤灰水化反应慢导致混凝土早期强度低。随着养护时间延长，粉煤灰中活性 SiO_2 和 Al_2O_3 与水泥水化产物 $Ca(OH)_2$ 发生反应，生成次 C—S—H 凝胶和 C—A—H 凝胶提升了混凝土的致密度，使得混凝土后期强度增长较快。(2) 当矿物掺合料占胶凝材料总量的 40%，硅灰掺量为 3% 时，清水混凝土抗压强度值最大，最大值达到了

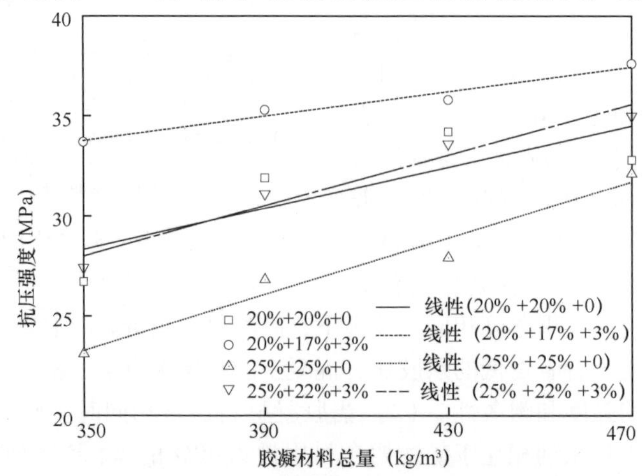

图 2-2 清水混凝土 3d 抗压强度与胶凝材料用量的关系

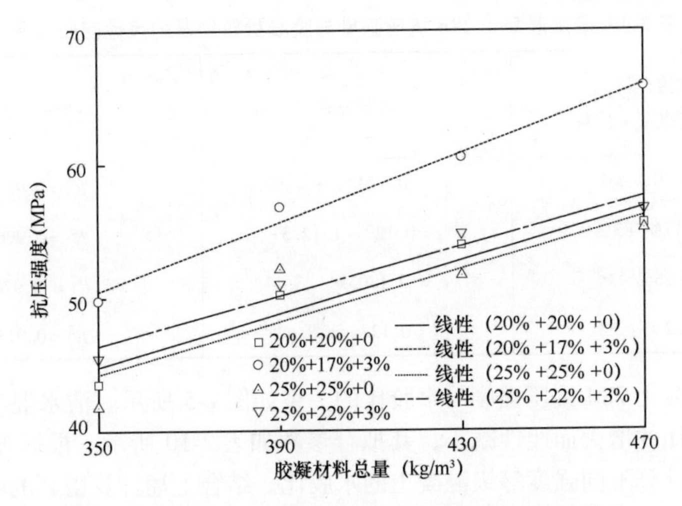

图 2-3　清水混凝土 7d 抗压强度与胶凝材料用量的关系

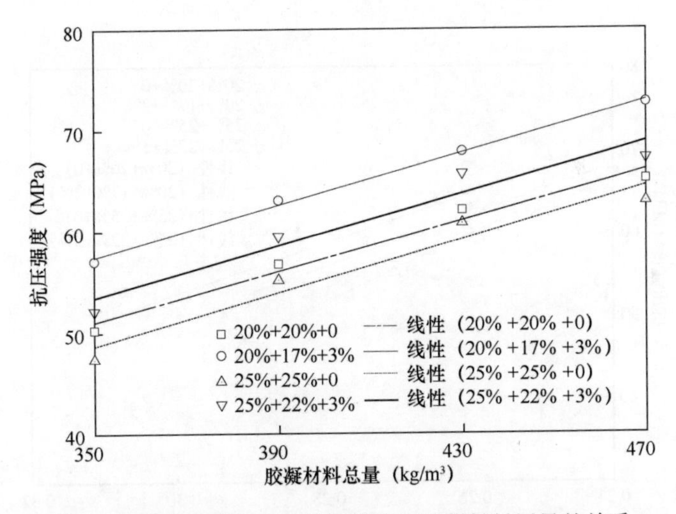

图 2-4　清水混凝土 28d 抗压强度与胶凝材料用量的关系

72.7MPa。这是因为硅灰中含有大量的活性 SiO_2，常温下活性 SiO_2 能与水泥水化生成的 $Ca(OH)_2$ 发生二次反应，生成具有胶凝性的低碱性水化硅酸钙和水化铝酸钙，提高其抗压强度。另一方面，硅灰的粒径约为水泥粒径的 1/50～1/100，能够在胶凝材料的胶结料中起到微孔填充作用，增加清水混凝土的致密程度，这对于清水混凝土抗压强度提高有着积极作用[31,32]。（3）同一系列的清水混凝土抗压强度随着胶凝材料用量的增大而线性增大。清水混凝土 28d 抗压强度与胶凝材料用量的线性回归方程如表 2-9 所示。根据表 2-9 就可以更精确地计算不同强度等级混凝土中所需要的胶凝材料用量，以及水泥、粉煤灰、矿粉和硅灰的用量。

表 2-9　清水混凝土 28d 抗压强度与胶凝材料用量的线性回归方程

矿物掺合料（矿粉 + 粉煤灰 + 硅灰）	回归方程	相关系数
20% +20% +0	y = 0.1243x + 7.63	R^2 =0.9753
20% +17% +3%	y =0.129x + 12.31	R^2 =0.9968
25% +25% +0	y = 0.1303x + 3.17	R^2 = 0.9760
25% +22% +3%	y =0.128x + 8.67	R^2 =0.9754

清水混凝土 28d 抗压强度与水胶比的关系如图 2-5 所示。清水混凝土抗压强度随着水胶比的增大而线性减小，其拟合参数如表 2-10 所示。根据表 2-10 就可以更精确的计算不同强度等级混凝土的水胶比。结合上述计算得到的胶凝材料用量和水胶比，即可得到各系列胶凝材料情况下不同强度等级的清水混凝土配合比。

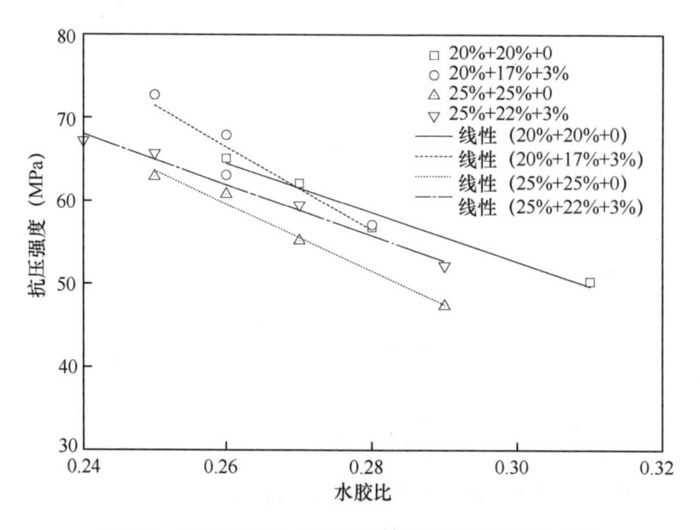

图 2-5　清水混凝土 28d 抗压强度与水胶比的关系

表 2-10　清水混凝土 28d 抗压强度与水胶比的线性回归方程

矿物掺合料类型	回归方程	相关系数
20% +20% +0	y = −295.71x + 141.38	R^2 = 0.9768
20% +17% +3%	y = −429x + 179.61	R^2 =0.9907
25% +25% +0	y = −402.57x + 164.26	R^2 =0.9853
25% +22% +3%	y = −306.1x + 141.5	R^2 =0.9863

2.4.2 不同强度等级清水混凝土参考配合比

根据《普通混凝土配合比设计规程》（JGJ 55—2011）规定，选取标准差（表2-11），得到各强度等级清水混凝土的配制强度。

表2-11 强度等级划分

强度等级	≤C20	C25～C45	C50～C55
标准差	4.0	5.0	6.0

混凝土配制强度应按下列规定确定：

（1）当混凝土的设计强度等级小于C60时，配制强度应按式（2-1）确定。

$$f_{cu,0} \geqslant f_{cu,k} + 1.645\sigma \tag{2-1}$$

式中 $f_{cu,0}$——混凝土配制强度（MPa）；

$f_{cu,k}$——混凝土的设计强度等级值（MPa）；

σ——混凝土强度标准差（MPa）。

（2）当设计强度等级不小于C60时，配制强度应按式（2-2）确定。

$$f_{cu,0} \geqslant 1.15 f_{cu,k} \tag{2-2}$$

以28d抗压强度作为清水混凝土强度依据，根据清水混凝土强度设计标准值、清水混凝土强度标准差值，并利用清水混凝土28d抗压强度与胶凝材料用量的回归方程（表2-9）以及清水混凝土28d抗压强度与水胶比的回归方程（表2-10），便可计算得到不同强度等级清水混凝土配合比参数，如表2-12所示。可以看出，在满足抗压强度要求的前提下，大掺量矿物掺合料的使用可以明显降低水泥的用量，达到节约能源，保护环境的目的。

表2-12 清水混凝土参考配合比

编号	强度等级	胶凝材料（kg/m³）	W/B	水泥（kg/m³）	矿粉（kg/m³）	粉煤灰（kg/m³）	硅灰（kg/m³）	砂（kg/m³）	石子（kg/m³）	用水量（kg/m³）	减水剂（kg/m³）	成本（元/立方米）
A	C40	326	0.31	196	65	65		787	1181	101	4.2	343
	C45	366	0.3	220	73	73		768	1152	110	4.8	360
	C50	420	0.28	252	84	84		743	1114	118	5.5	384
	C55	460	0.26	276	92	92		726	1089	120	6	401
	C60	493	0.25	296	98	99		711	1066	123	6.4	416
B	C40	278	0.3	167	56	47	8	814	1221	83	3.6	341
	C45	318	0.29	190	63	54	10	794	1191	92	4.1	362
	C50	369	0.28	221	74	62	11	769	1154	103	4.8	386
	C55	408	0.27	245	81	69	12	751	1126	110	5.3	405
	C60	440	0.26	264	88	75	13	736	1104	114	5.7	422

续表

编号	强度等级	胶凝材料(kg/m³)	W/B	水泥(kg/m³)	矿粉(kg/m³)	粉煤灰(kg/m³)	硅灰(kg/m³)	砂(kg/m³)	石子(kg/m³)	用水量(kg/m³)	减水剂(kg/m³)	成本(元/立方米)
C	C40	346	0.29	173	86	86		780	1169	100	4.5	342
	C45	384	0.28	192	96	96		761	1142	108	5	357
	C50	435	0.26	217	109	109		738	1108	113	5.7	378
	C55	474	0.25	237	118	118		721	1081	119	6.2	394
	C60	505	0.24	253	126	126		707	1060	121	6.6	407
D	C40	309	0.3	154	79	68	9	798	1197	93	4	348
	C45	348	0.29	174	87	77	10	779	1168	101	4.5	365
	C50	400	0.27	200	100	88	12	755	1132	108	5.2	391
	C55	439	0.25	220	110	96	13	738	1107	110	5.7	409
	C60	471	0.24	236	118	104	14	724	1086	113	6.1	425

2.4.3 不同强度等级清水混凝土材料成本分析

清水混凝土的材料成本是影响其大规模推广应用的重要因素。从混凝土原材料成本出发，可进一步优化清水混凝土配合比。根据青岛市各种混凝土原材料的价格，对各胶凝材料体系的混凝土单方材料成本进行计算，结果如表 2-12 所示。清水混凝土原材料价格如下：

P·Ⅰ 52.5 型号水泥：623 元/吨；

S95 级矿粉：396 元/吨；

Ⅰ级粉煤灰：265 元/吨；

硅灰：2500 元/吨；

砂子：102 元/吨；

石子：75 元/吨；

聚羧酸减水剂：2150 元/吨。

2.5 清水混凝土收缩性能

2.5.1 试验方案

参照《普通混凝土长期性能和耐久性能试验方法标准》（GB/T 50082—2009）进行清水混凝土收缩试验。试验步骤如下：

（1）采用的收缩试件尺寸为 100mm × 100mm × 515mm，并在模板两端预埋测试探头。新拌混凝土入模成型、拆模后，将试件移入混凝土标准养护室中，3d 后将其移入温度为（20 ± 2)℃，相对湿度为（60 ± 5)% 的恒温恒湿环境中，并测量收缩试件的初始长度。

（2）测量前，应先用标准杆校正仪表的零点，收缩试件每次在卧式收缩仪上放置的位置和方向均应保持一致。收缩试件上应标明相应的方向记号。

（3）依次测量 1d、3d、7d、14d、28d、45d、60d、90d 的收缩值。

混凝土收缩率按式（2-3）计算。

$$\varepsilon_{st} = \frac{L_0 - L_t}{L_b} \tag{2-3}$$

式中　ε_{st}——试验期为 t（d）的混凝土收缩率，t 从测定初始长度时算起；

L_b——试件的测量标距（mm）；

L_0——试件初始长度（mm）；

L_t——试件在试验期为 t（d）时测得的长度读数（mm）。

每组应取 3 个试件收缩率的算术平均值作为该组混凝土试件的收缩率测定值，计算精度至 1.0×10^{-6}。

2.5.2　同一胶凝材料体系清水混凝土收缩性能

各系列清水混凝土收缩率如图 2-6 ~ 图 2-9 所示。从图中可以看出：

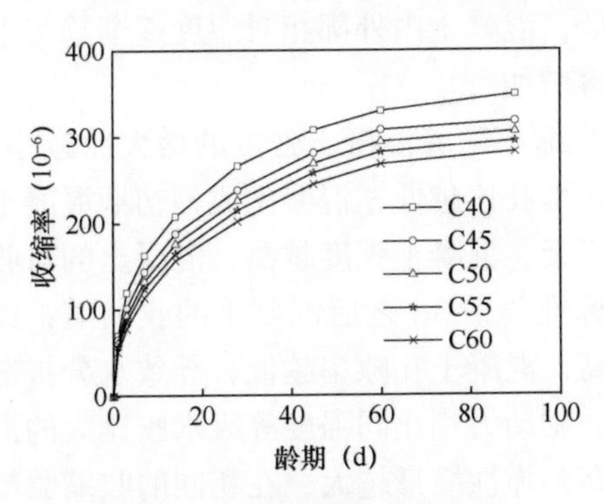

图 2-6　A 系列混凝土收缩率

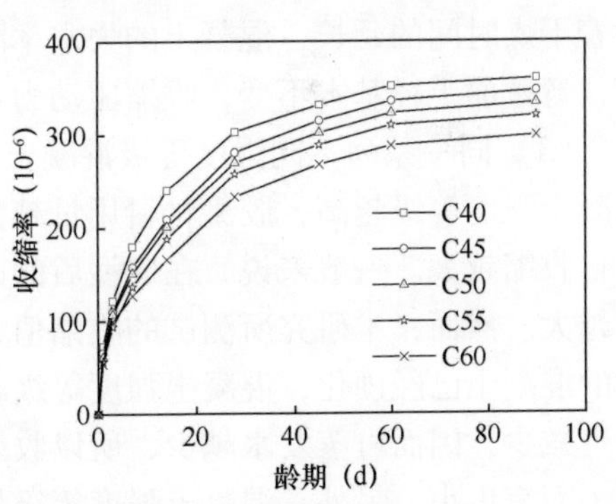

图 2-7　B 系列混凝土收缩率

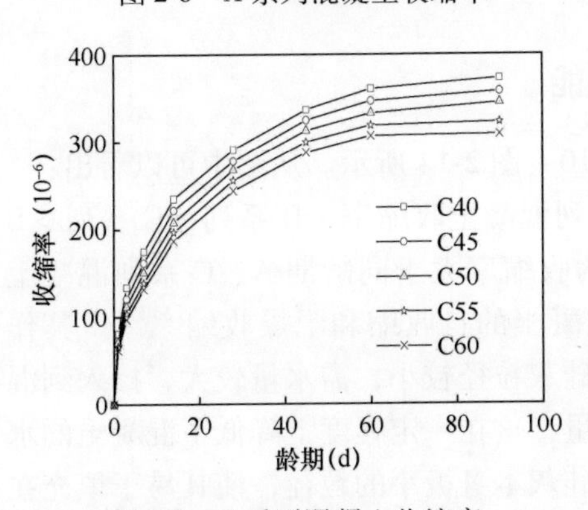

图 2-8　C 系列混凝土收缩率

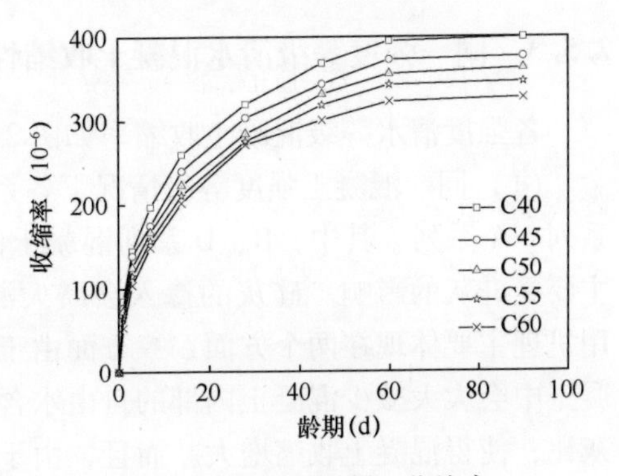

图 2-9　D 系列混凝土收缩率

（1）随着干燥时间的增加，混凝土的收缩量不断增大。由于试验环境的相对湿度为（60±5）%，当清水混凝土暴露于此环境中时，内外湿度差引起水分从混凝土内部向外散失。收缩初期，混凝土试件失去的水分主要是距试件表面较近部位的水分，而且失去的水分主要是试件内大孔及少量毛细孔中的水分。然而大孔中水分的散失并不引起混凝土的收缩[46]。而后期失去的水分则是试件内部的水分，并且这个阶段失去的主要是毛细孔中的水分，水分传输路径长，水分扩散驱动力小，所以后期失水速度逐渐降低。同时，由于混凝土试件内部存在湿度梯度分布，进而引起不均匀收缩变形，表层收缩大，内部收缩小，产生梯度收缩，进而引起干缩应力。当干缩应力大于试件的抗拉强度时就会引起混凝土表层开裂，尤其在收缩受到约束的情况下，这种现象更加明显。随着暴露时间的延长，混凝土内部的水分含量越来越低，毛细孔的弯液面半径越来越小。根据Kelvin定律[47-48]，毛细孔弯液面半径越小，毛细管负压越大，毛细管负压作用在毛细管壁上产生的拉应力也就越大，导致混凝土试件的收缩量越来越大。另外，根据拆开压力学说[49]，随着混凝土内部湿度进一步降低，试件内部的拆开压力逐渐减小，试件内部胶凝质点在范德华力的作用下靠紧，引起混凝土收缩。

（2）各系列混凝土收缩率前期收缩速率快，后期逐渐趋于平缓。这是因为随着干燥时间的延长，混凝土的失水率降低，混凝土内外部相对湿度逐渐趋于平衡，弯液面半径基本不变，收缩驱动力不再增加。

（3）同一系列不同强度等级混凝土的收缩率随着混凝土强度的增大而减小。混凝土强度等级越高，胶凝材料用量越大，水胶比越低，混凝土成型初期混凝土的自收缩越大。一般来说，在成型后的前三天，混凝土强度越高，混凝土的自收缩越大。然而，本研究所测试的收缩值是标准养护3d之后混凝土的收缩值，此时的混凝土已经硬化，混凝土强度等级越高，混凝土孔隙率越低，导致水分扩散通道减少，因而可蒸发水越少，所以收缩的驱动力相比同强度等级水胶比大的混凝土而言更小。另外，混凝土强度等级越高，弹性模量越大，在相同的收缩驱动力下，混凝土试件的收缩变形就会越小。

2.5.3 同一强度等级清水混凝土收缩性能

各强度清水等级混凝土收缩率如图2-10～图2-14所示。从图中可以看出：

（1）同一混凝土强度等级情况下各系列混凝土收缩率，D系列>C系列>B系列>A系列。其中，B、D系列混凝土的收缩率大于同龄期A、C系列混凝土主要受硅灰的影响。硅灰的掺入会增大混凝土的自收缩和干燥收缩[50-57]。其作用机理主要体现在两个方面，一方面由于硅灰粒径较小，需水量较大，掺入到混凝土中会大大减少混凝土内部的自由水含量，这在一定程度上降低了混凝土的水灰比，使得混凝土收缩增大。而且，由于硅灰本身极小的粒径，使其易于填充在基材颗粒中间，起到微集料效应，细化了混凝土孔隙尺寸[58]，从而增大混凝土的收缩驱动力[59]；另一方面，硅灰比表面积大，而且具有较高的活性，除可为水泥水化产物提供着位点加速早期水化进程之外，其与水泥水化产物氢氧化钙发生反应生成 C—S—H 凝胶，消耗混凝土内部的水分，使得混凝土内部的相对湿度进一步降低，而且产物 C—S—H 更为紧凑密集，细化了孔隙尺寸，大孔被小孔取代，导致弯液面半径减小，进一步增大了毛细管张力，从而增大了混凝土收缩量。

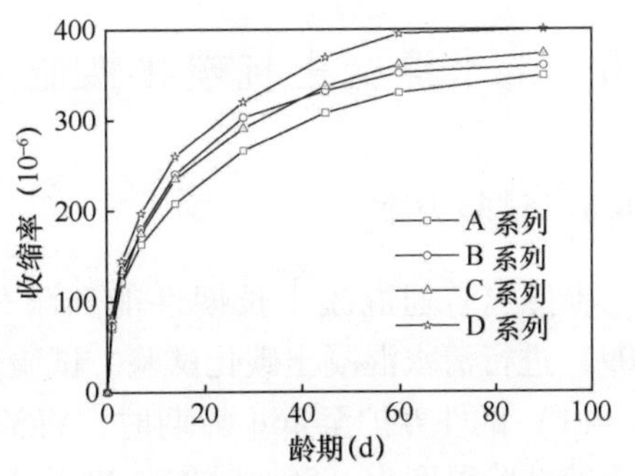

图 2-10　C40 混凝土收缩率

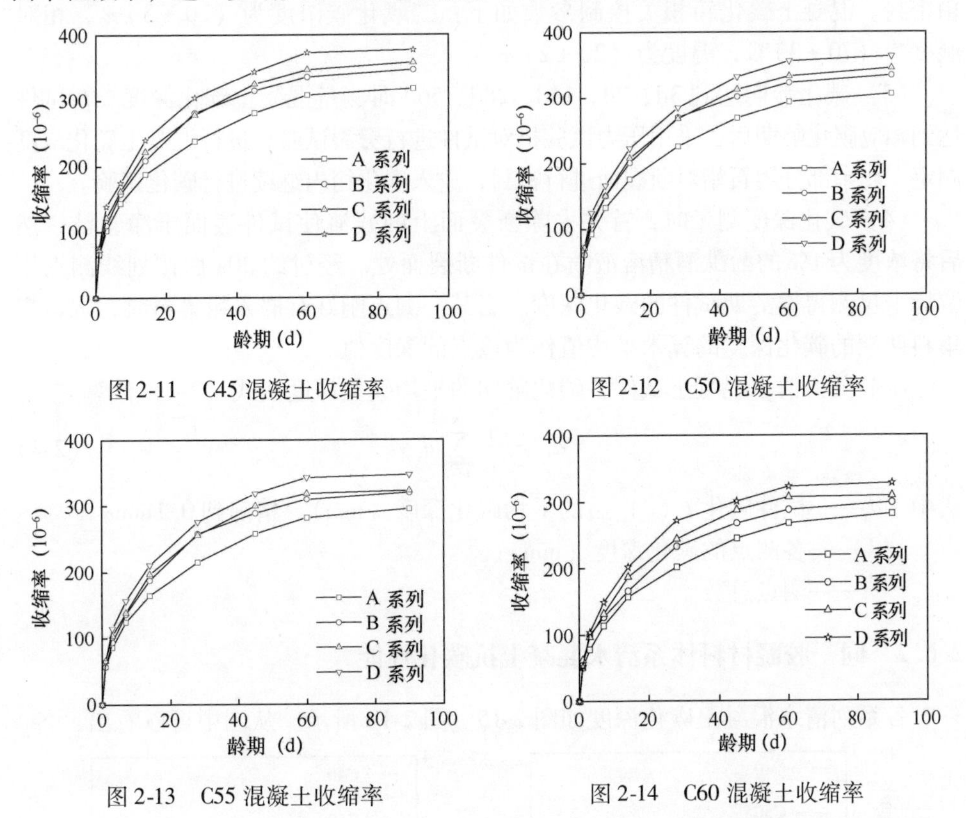

图 2-11　C45 混凝土收缩率

图 2-12　C50 混凝土收缩率

图 2-13　C55 混凝土收缩率

图 2-14　C60 混凝土收缩率

（2）对于 C 系列混凝土的收缩率大于同龄期 A 系列混凝土，D 系列混凝土的收缩率大于同龄期 B 系列混凝土的主要原因是集料用量的不同。同一强度等级情况下，C 系列混凝土的集料用量大于 A 系列混凝土，D 系列混凝土的集料用量大于 B 系列混凝土。在水胶比相差不大的情况下，集料用量越多，产生收缩的基材相对越少，同时集料对混凝土收缩的抑制作用也越明显，导致混凝土的收缩量减少。

2.6 清水混凝土抗碳化性能

2.6.1 试验方案

参照《普通混凝土长期性能和耐久性能试验方法标准》（GB/T 50082—2009）进行清水混凝土碳化试验。试验步骤如下：

（1）试件养护至26d龄期时，将清水混凝土试件放入烘干箱中进行烘干。烘干箱试验温度为（55±5）℃，烘干试验进行48h。

（2）试件在放入混凝土碳化箱前进行封蜡处理。在放入碳化箱后，将碳化箱密封。混凝土碳化箱相关控制参数如下：二氧化碳浓度为（20±3）%，相对湿度为（70±3）℃，温度为（20±2）%。

（3）碳化龄期达到3d、7d、14d、28d、56d时测量混凝土碳化深度。在试件达到相应碳化龄期后，采用压力试验机对试件进行劈裂试验，进行混凝土碳化深度测定。剩余部分用石蜡对断裂面进行密封，放入碳化箱内继续进行碳化试验。

（4）碳化深度测量时，首先去除断裂面上的残渣使试件表面干净整洁，然后将浓度为1%的酚酞酒精溶液喷在试件断裂面处。经过约30s后按划线测点用游标卡尺测得本龄期试件的碳化深度。当某一测点刚好有嵌入粗集料时，取该粗集料两端的碳化深度的算术平均值作为该点的深度值。

试验测得清水混凝土试件各碳化龄期的平均碳化深度按式（2-4）计算。

$$\overline{d_t} = \frac{1}{n}\sum_{i=1}^{n} d_i \qquad (2\text{-}4)$$

式中 $\overline{d_t}$——试件碳化 t（d）后的平均碳化深度（mm），精确到0.1mm；

d_i——各测点的碳化深度（mm）；

n——测点总数。

2.6.2 同一胶凝材料体系清水混凝土抗碳化性能

各系列清水混凝土碳化深度如图2-15～图2-18所示。从图中可以看出：各

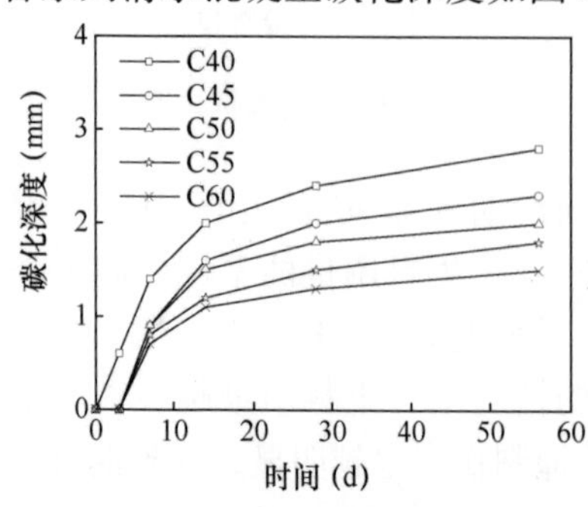

图2-15 A系列混凝土碳化深度

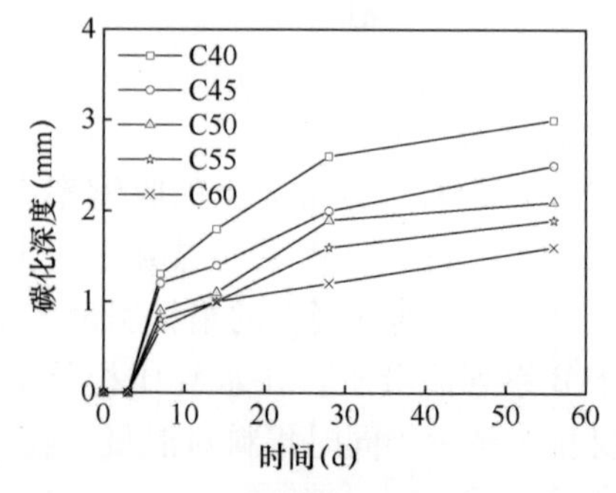

图2-16 B系列混凝土碳化深度

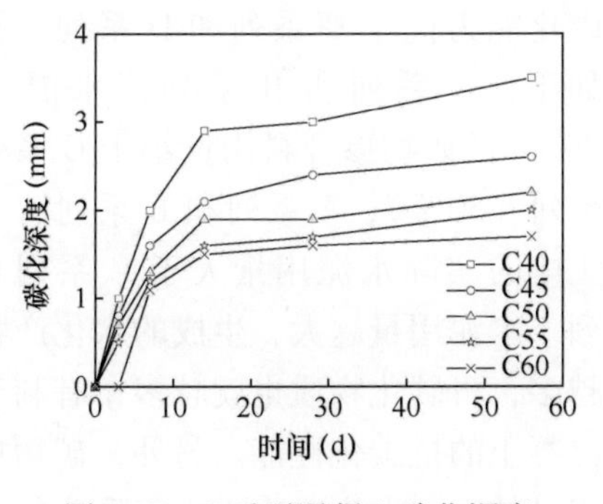

图 2-17　C 系列混凝土碳化深度

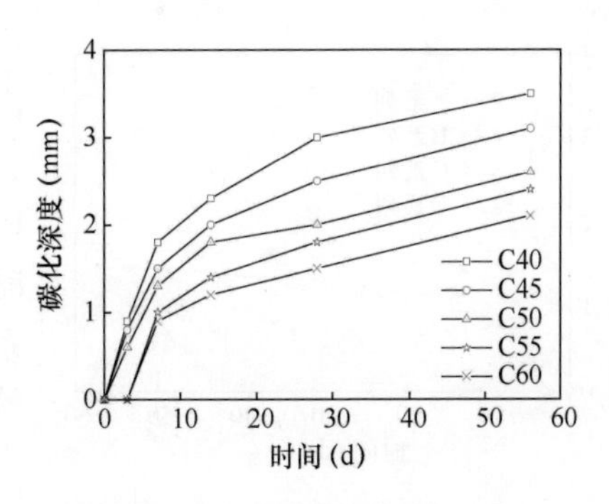

图 2-18　D 系列混凝土碳化深度

系列清水混凝土强度等级越高，抗碳化能力越强。这是因为混凝土强度等级越高，胶凝材料用量越大，硬化后混凝土的可碳化物质越多；而且混凝土强度等级越高，水胶比越低，硬化后混凝土的孔隙越细，孔隙率越低，CO_2 传输通道也就越少。

2.6.3　同一强度等级清水混凝土抗碳化性能

各强度等级清水混凝土碳化深度如图 2-19 ~ 图 2-23 所示。从图中可以看出：

(1) 碳化 14d 以前，同一碳化龄期各强度等级清水混凝土碳化深度大小规律为：C 系列 > D 系列 > A 系列 > B 系列。其中，A 系列和 B 系列清水混凝土的

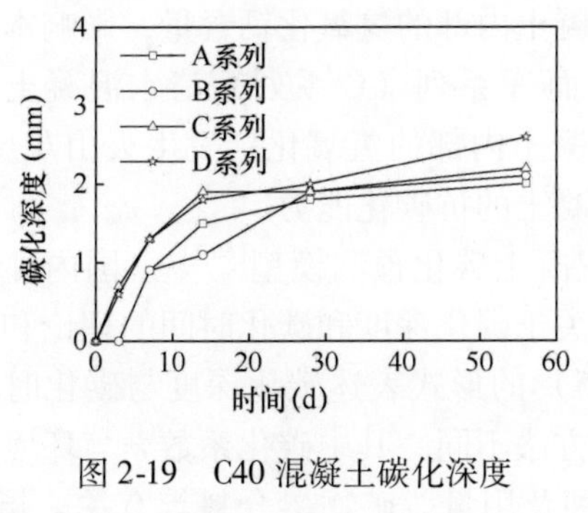

图 2-19　C40 混凝土碳化深度

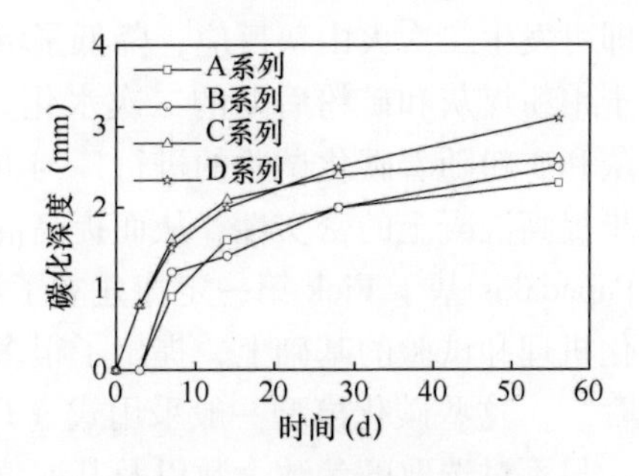

图 2-20　C45 混凝土碳化深度

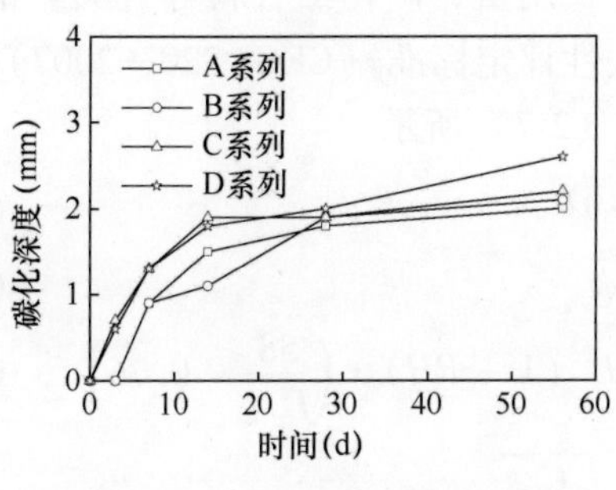

图 2-21　C50 混凝土碳化深度

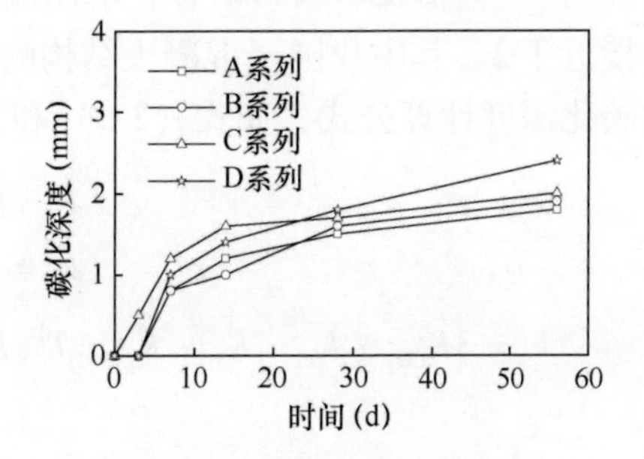

图 2-22　C55 混凝土碳化深度

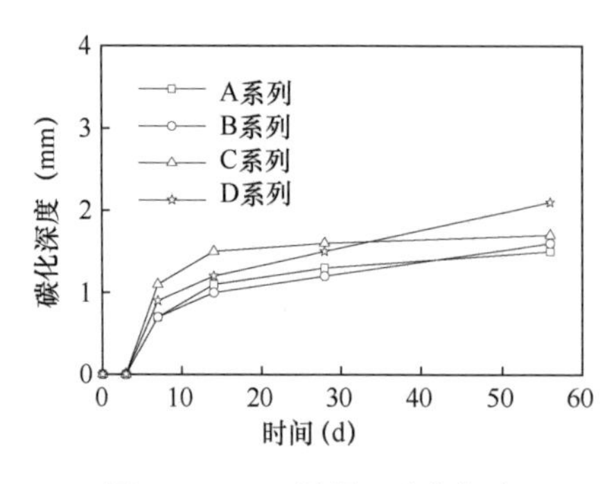

图 2-23　C60 混凝土碳化深度

抗碳化能力优于 C 系列和 D 系列，其原因如下：A 系列和 B 系列清水混凝土（40%）的矿物掺合料用量小于 C 系列和 D 系列（50%），A 系列和 B 系列清水混凝土中的实际水泥用量大于 C 系列和 D 系列。水泥用量越大，生成的水化产物也就越多，可碳化物质也就越多，有利于提高混凝土的抗碳化性能。另外，矿物掺合料用量越大，发生二次火山灰反应的几率越高，降低混凝土内部的氢氧化钙含量，导致混凝土的抗碳化性能降低。B 系列（D 系列）清水混凝土的抗碳化能力优于 A 系列（D 系列），其原因如下：B 系列（D 系列）清水混凝土与 A 系列（D 系列）清水混凝土相比，虽然矿物掺合料比例一样，但是 B 系列（D 系列）清水混凝土中掺加了 3% 的硅灰，硅灰具有显著的物理填充效应和化学反应特性，可细化混凝土孔隙尺寸，减小混凝土孔隙率，混凝土结构更为密实，减少 CO_2 传输通道。

（2）碳化 28d 以后时，各系列清水混凝土碳化深度大小规律为：D 系列 > C 系列 > B 系列 > A 系列。A 系列（C 系列）清水混凝土的抗碳化能力优于 B 系列（D 系列）的原因如下：B 系列（D 系列）清水中的硅灰活性大，在混凝土养护初期即可发生二次火山灰反应，降低了混凝土内部的氢氧化钙含量，影响本系列混凝土中粉煤灰和矿粉后期的二次水化。而 A 系列（C 系列）清水混凝土中的粉煤灰和矿粉随着碳化试验的进行，与混凝土内部的氢氧化钙发生火山灰反应，进一步提高混凝土的密实性，从而提高混凝土的抗碳化能力。

Papadakis 基于 Fick 第一定律建立了混凝土碳化预测模型[60,61]。国内外学者在碳化机理和试验的基础上，提出了很多关于碳化深度和碳化时间的理论和经验模型[62-64]。这些碳化模型一般采用式（2-5）的形式表述碳化深度与碳化时间的关系，只不过选取的参数个数以及其取值方法不同。其中碳化系数 k 与环境的温度、湿度、CO_2 浓度、应力状态、水泥品种及用量、矿物掺合料等有关。指数 n 通常接近于 2。其中我国《混凝土结构耐久性评定标准》（CECS 220—2007）[65]采用的碳化深度计算公式，如式（2-6）和式（2-7）所示。

$$X_{\mathrm{d}} = k \cdot t^{\frac{1}{n}} \tag{2-5}$$

$$x = k\sqrt{t} \tag{2-6}$$

$$k = 3K_{\mathrm{CO_2}} \cdot K_{\mathrm{kl}} \cdot K_{\mathrm{kt}} \cdot K_{\mathrm{ks}} \cdot T^{1/4} RH^{1.5}(1 - RH) \cdot \left(\frac{58}{f_{\mathrm{cu,k}}} - 0.76\right) \tag{2-7}$$

式中　$K_{\mathrm{CO_2}}$——CO_2 浓度影响系数，$K_{\mathrm{CO_2}} = \sqrt{\dfrac{C_0}{0.03}}$；

C_0——CO_2浓度（%）；

K_{kl}——位置影响系数；

K_{kt}——养护浇注影响系数；

K_{ks}——工作应力影响系数，受压时取1.0，受拉时取1.1；

T——环境温度（℃）；

RH——环境相对湿度；

$f_{cu,k}$——混凝土强度标准值或评定值。

根据式（2-7），可得到混凝土人工快速碳化与自然碳化试验的关系，如式（2-8）所示。根据式（2-8），混凝土在碳化箱中快速碳化28d相当于混凝土在自然环境中碳化50年，混凝土在碳化箱中快速碳化56d相当于混凝土在自然环境中碳化100年。根据《混凝土结构耐久性设计标准》（GB/T 50476—2019）[66]的相关规定，滨海环境下混凝土结构的最小保护层厚度分别为：30mm（设计使用寿命30年），35mm（设计使用寿命50年），40mm（设计使用寿命100年）。由图2-19～图2-23可知，所示各强度等级清水混凝土在碳化箱中加速碳化56d的碳化深度均小于3.5mm。如果不考虑应力等因素的影响，可以认为所测试的各清水混凝土在自然环境中碳化100年的碳化深度不超过3.5mm，远远小于滨海环境中混凝土结构的最小保护层厚度。所以，上述清水混凝土应用于滨海环境的相关工程时并不会因为混凝土碳化而引起钢筋锈蚀。

$$x = x_0 \sqrt{\frac{Ct}{C_0 t_0}} \tag{2-8}$$

式中　x——混凝土自然碳化t年时的碳化深度（mm）；

x_0——混凝土快速碳化t_0年时的碳化深度（mm）；

C——自然环境中CO_2浓度（%）；

C_0——快速碳化环境中CO_2浓度（%）；

t——自然碳化龄期（年）；

t_0——快速碳化时间（年）。

2.7　清水混凝土抗冻性能

2.7.1　试验方案

参照《普通混凝土长期性能和耐久性能试验方法标准》（GB/T 50082—2009）快冻法进行清水混凝土冻融循环试验。试验步骤如下：

（1）在清水混凝土试件标准养护至24d时，把试件从养护室取出，首先进行外观检查，然后在温度为（20±2）℃的水中浸泡。浸泡4d后，使试块达到饱水状态，然后进行混凝土冻融循环试验。

（2）擦除混凝土试件表面水分，对试件外观尺寸进行测量，要求满足规定标准。然后分别测试试件初始重量 W，并用动弹性模量测定仪测定其横向基频的初始值 f。

（3）在试件盒中加入清水，盒内水面高于试件顶部 5mm。每次冻融循环在 2～4h内完成，其中用于融化的时间不得小于整个冻融时间的 1/4。在冻融试验进行过程中，试件中心最低和最高温度分别控制在（−17±2）℃和（8±2）℃，试件内外的温差不超过 28℃。且在本次试验的任意时刻，清水混凝土试件中心温度不高于 7℃，且不低于 −20℃。

（4）试件每隔 25 次冻融循环对其进行一次质量损失测定，并用动弹性模量测定仪测量其横向基频。试验要求称量、测量及外观检查要进行迅速，待测的混凝土试件要用浸湿的抹布进行覆盖处理。

根据式（2-9）计算混凝土试件的相对动弹性模量。

$$P_i = \frac{f_{ni}}{f_{0i}} \times 100\% \tag{2-9}$$

式中 P_i——经 N 次冻融循环后的相对动弹性模量（%），精确至 0.1；

f_{ni}——N 次冻融循环后的横向基频（Hz）；

f_{0i}——冻融试验开始之初试件横向基频初始值（Hz）。

根据式（2-10）计算混凝土试件冻融后的重量损失率。

$$w = \frac{M_n}{M_0} \times 100\% \tag{2-10}$$

式中 w——N 次冻融循环后试件的质量损失率（%），精确至 0.1；

M_0——冻融循环试验开始之初试块重量（g）；

M_n——N 次冻融循环后的面干重量（g）。

依照《普通混凝土长期性能和耐久性能试验方法标准》（GB/T 50082—2009）的规定，当冻融循环出现以下 3 种情况之一时，可停止试验：

① 达到规定的冻融循环次数，本试验设定目标冻融循环次数为 400 次；

② 试件的相对动弹性模量下降到 60% 以下；

③ 试件的重量损失率达 5%。

2.7.2 混凝土质量损失率随冻融循环次数的演变规律

各系列清水混凝土质量损失率随冻融循环次数的演变规律如图 2-24～图 2-27 所示。从图中可以看出：（1）当快速冻融循环试验进行到 400 次时，各系列清水混凝土的质量损失率均不大于 2.5%，表现出优异的抗冻性能。以质量损失率最大的 C 系列为例，400 次冻融循环试验时，C40、C45、C50、C55、C60 清水混凝土的质量损失率分别为 2.5%、2.2%、2%、1.8%、1.7%。（2）同一系列清水混凝土的质量损失率随着混凝土强度等级的增大而降低。这是因为，同一胶凝材料体系下，混凝土强度等级越高，胶凝材料用量越多，水胶比越低，混凝土结构更加密实，内部孔洞缺陷减少，混凝土内部的自由水减少，大大降低了混凝土内部水分结冰膨胀致使混凝土冻胀破坏的概率。（3）在快速冻融循环达到100次时，各系列的清水混凝土的质量损失率很小，均小于0.5%。混凝土试件的表面完好，未发生鼓胀脱落的现象。当快速冻融循环达到200次时，混凝土试块表面开始出现轻微的脱落现象，以致混凝土试件表面出现轻微麻面现象，质量损失率普遍增大，最大的已达到1%。当冻融循环次数达到400次时，混凝土试件表面出现局部破坏，部分出现鼓胀以致发生脱落破坏，影响混凝土试件的外观完整性。

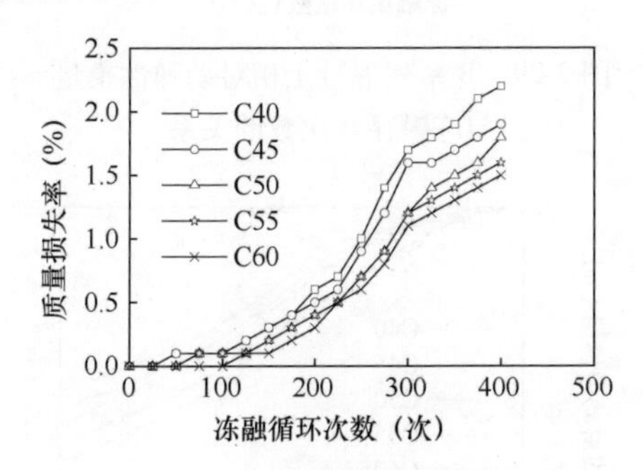

图2-24　A系列混凝土质量损失率与冻融循环次数的关系

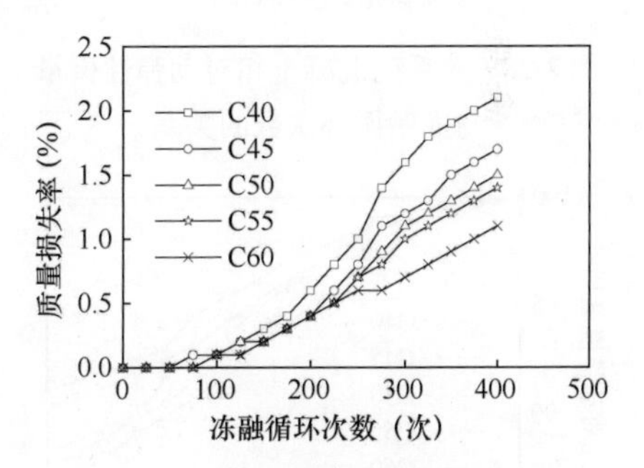

图2-25　B系列混凝土质量损失率与冻融循环次数的关系

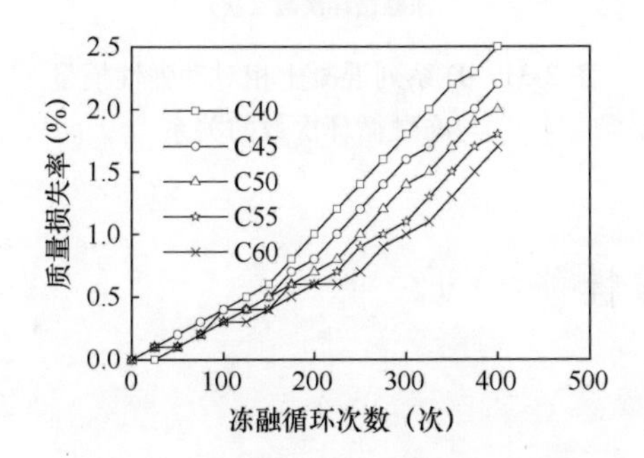

图2-26　C系列混凝土质量损失率与冻融循环次数的关系

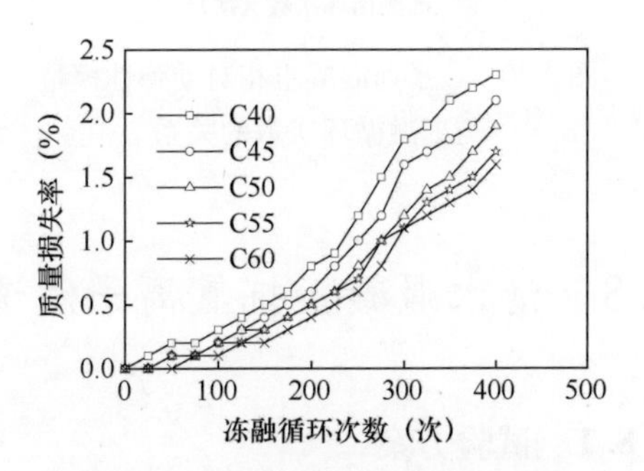

图2-27　D系列混凝土质量损失率与冻融循环次数的关系

2.7.3　混凝土相对动弹性模量随冻融循环次数的演变规律

各系列清水混凝土相对动弹性模量随冻融循环次数的演变规律如图2-28～图2-31所示。从图中可以得出：（1）各系列清水混凝土在300次快速冻融循环后相对动弹模量均大于89.9%，400次快速冻融循环后相对动弹模量均大于86.7%，均能满足《混凝土结构耐久性设计标准》（GB/T 50476—2019）中微冻地区、寒冷地区和严寒地区对混凝土抗冻耐久性能指数的要求。（2）同一强度等级情况下，各系列清水混凝土相对动弹模量大小关系为：B 系列 > A 系列 > D 系列 > C 系列。这与在相同冻融循环次数下各系列混凝土的质量损失率的变化规律一致。

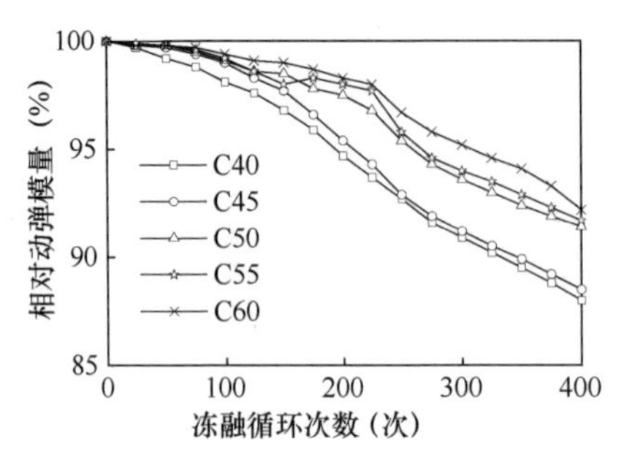

图 2-28　A 系列混凝土相对动弹性模量与冻融循环次数的关系

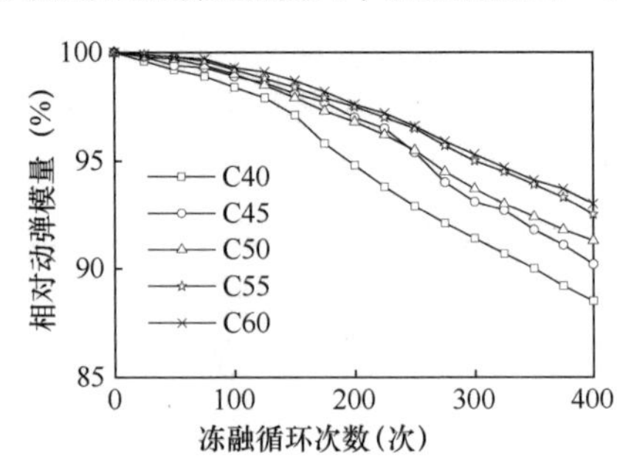

图 2-29　B 系列混凝土相对动弹性模量与冻融循环次数的关系

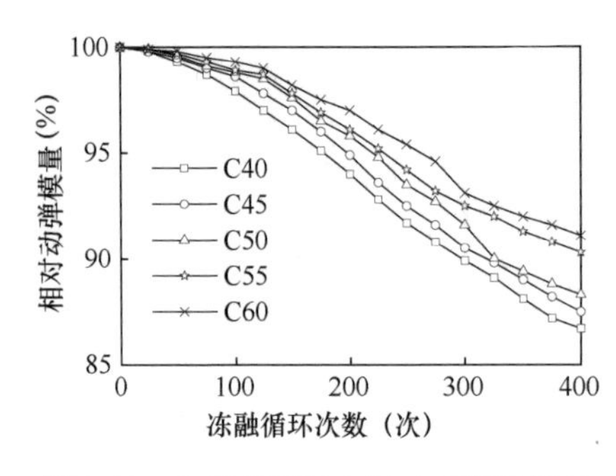

图 2-30　C 系列混凝土相对动弹性模量与冻融循环次数的关系

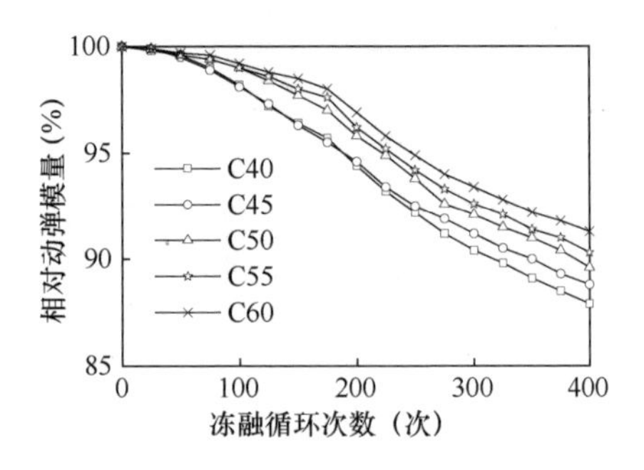

图 2-31　D 系列混凝土相对动弹性模量与冻融循环次数的关系

2.8　清水混凝土抗氯离子渗透性能

2.8.1　试验方案

参照《普通混凝土长期性能和耐久性能试验方法标准》（GB/T 50082—2009）快速氯离子迁移系数法（RCM 法）测试清水混凝土的抗氯离子渗透性能。试验步骤如下：

（1）试块直径为 ϕ（100 ± 1）mm，试块高度为 h =（50 ± 2）mm，拆模后，将混凝土试件放入混凝土标准养护室内的水箱中养护，直至试验龄期。

（2）将试块与橡胶套筒固定好，检查是否渗漏，检查完毕后将安装好的试块进行试验。试验正极注入浓度为 0.3mol/L 的 NaOH 溶液，试验负极与质量浓度为 10% NaCl，记录下初始温度通电时间。

（3）试验电压为（30 ± 2）V，记录通过每一个试件的初始电流。根据初始电流，参照《普通混凝土长期性能和耐久性能试验方法标准》（GB/T 50082—2009）表7.1.6调整试验电压，并重新测试每个试件的初始电流。通电完毕后，对试验试块进行拆卸并劈裂。在试块劈裂面喷涂浓度为0.1mol/L的$AgNO_3$溶液，记录下渗透深度。

（4）每个试块测点数多于5个，并对所测数值进行加权平均计算。

混凝土的非稳态氯离子迁移系数应按式（4-1）进行。

$$D_{RCM} = \frac{0.0239(273+T)L}{(U-2)t}\left(X_d - 0.0238\sqrt{\frac{(273+T)LX_d}{U-2}}\right) \tag{2-11}$$

式中　D_{RCM}——混凝土的非稳态氯离子迁移系数，精确到$0.1\times10^{-12}m^2/s$；

U——电压值大小（V）；

T——阳极溶液的开始温度及最终温度的平均值（℃）；

L——试件厚度（mm），精确到0.1mm；

X_d——氯离子渗透深度的平均值（mm），精确到0.1mm；

t——试验持续时间（h）。

2.8.2　胶凝材料组分对混凝土抗氯离子渗透性能的影响

考虑到所测试的混凝土为大掺量矿物掺合料混凝土，矿物掺合料在后期对于清水混凝土的强度增长及混凝土结构的密实度有着非常大的贡献。所以，测试了混凝土28d和84d氯离子扩散系数。

各系列清水混凝土氯离子扩散系数如图2-32和图2-33所示。从图中可以得出：（1）28d龄期时，各系列清水混凝土的氯离子扩散系数的大小顺序为：C > D > A > B。显然，高水泥用量和硅灰的掺加有助于提高混凝土的密实度，降低混凝土氯离子扩散系数。（2）84d龄期时，各系列清水混凝土的氯离子扩散系数的大小顺序为B > A > D > C。这是因为随着养护时间的延长，粉煤灰和矿粉火山灰效应越明显，矿物掺合料细化混凝土的孔隙结构，降低混凝土的孔隙率。同等强度等级情况下，矿物掺合料比例越大，混凝土抗氯离子侵蚀能力越明显。（3）氯离子扩散系数随着混凝土抗压强度的增大而减小，且随着养护龄期的增大，混凝土的氯离子扩散系数减小。

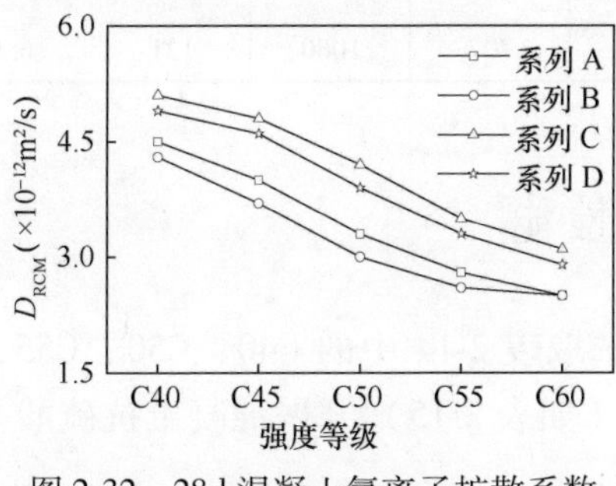

图2-32　28d混凝土氯离子扩散系数

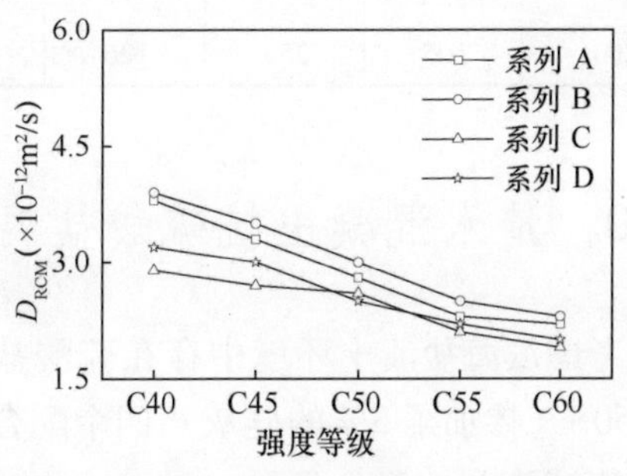

图2-33　84d混凝土氯离子扩散系数

2.8.3 清水混凝土抗氯离子侵蚀性能评价

《混凝土质量控制标准》（GB 50164—2011）对混凝土抗氯离子渗透性能的等级如表 2-13 所示。根据混凝土 84d 龄期时氯离子扩散系数，对其抗氯离子性能进行评价。

表 2-13 混凝土抗氯离子渗透性能的等级划分（RCM 法）

等级	RCM-Ⅰ	RCM-Ⅱ	RCM-Ⅲ	RCM-Ⅳ	RCM-Ⅴ
D_{RCM}	$D_{RCM} \geq 4.5$	$3.5 \leq D_{RCM} < 4.5$	$2.5 \leq D_{RCM} < 3.5$	$1.5 \leq D_{RCM} < 2.5$	$D_{RCM} < 1.5$
优劣性	差	较差	较好	好	很好

从图 2-33 和表 2-13 可以看出：C 系列和 D 系列混凝土的抗氯离子渗透性能均能达到“RCM-Ⅲ”以上，体现出优良的抗氯离子侵蚀性能。而 A 系列和 B 系列混凝土强度等级高于 C50 之后，其抗氯离子渗透性能也能达到“RCM-Ⅲ”以上。

2.9 不同强度等级清水混凝土推荐配合比

综合考虑《混凝土结构耐久性设计标准》（GB/T 50476—2019）和《普通混凝土配合比设计规程》（JGJ 55—2011）等，结合表 2-12 的清水混凝土成本分析，以及清水混凝土收缩性能、抗碳化性能、抗冻性能、抗氯离子侵蚀性能，推荐适用于滨海环境下的各强度等级清水混凝土实验室配合比，如表 2-14 所示。

表 2-14 不同强度等级清水混凝土推荐配合比（kg/m^3）

强度等级	胶凝材料	水泥	矿粉	粉煤灰	砂	石子	水	减水剂
C40	346	173	86	86	780	1169	100	4.5
C45	384	192	96	96	761	1142	108	5.0
C50	435	217	109	109	737	1106	113	5.7
C55	474	237	118	118	721	1081	119	6.2
C60	505	253	126	126	707	1060	121	6.6

2.10 清水混凝土抗硫酸盐腐蚀性能

考虑滨海盐渍土环境中存在硫酸盐，选取表 2-14 中的 C40、C50、C55，以及 C50S（掺加了 3% 的硅灰）四个配合比（如表 2-15）开展混凝土抗硫酸盐腐蚀性能试验。

表 2-15　混凝土配合比（kg/m³）

编号	水泥	矿粉	粉煤灰	硅灰	砂	石子	水	减水剂
C40	173	86	86	0	780	1169	100	4.5
C50	217	109	109	0	737	1106	113	5.7
C50S	315	94	47	14	723	1061	136	6.11
C55	237	118	118	0	721	1081	119	6.2

参照《普通混凝土长期性能和耐久性能试验方法标准》（GB/T 50082—2009）进行清水混凝土硫酸盐腐蚀试验。试验步骤如下：试件在养护至28d 龄期的前2d，将各配比混凝土试件从混凝土标准养护室取出，擦干水分，并在（80±5）℃烘箱内烘48h，烘干后将试件放入5%的 Na_2SO_4溶液中，溶液需没过试件表面20mm，腐蚀12h 后，将试件取出，置于空气中干燥12h，然后再次进行12h 的腐蚀试验，以此类推。

测试腐蚀龄期为28d（28 个干湿循环）、60d（60 个干湿循环）、90d（90 个干湿循环）的硫酸盐腐蚀耐蚀系数，如图 2-34 所示。从图中可以看出：各配比混凝土试件在经过硫酸盐溶液腐蚀后强度都有不同程度的损伤。经过 28d 腐蚀（28 次干湿循环）后，各配比混凝土试件强度损失均非常小，各配比混凝土硫酸盐腐蚀耐蚀系数均在 99 以上；经过 60d 腐蚀（60 次干湿循环）后，各配比混凝土硫酸盐腐蚀耐蚀系数均在 98 以上；在经过 90d 腐蚀（90 次干湿循环）后，C40 混凝土硫酸盐腐蚀耐蚀系数为 96.9，C50 为 97.5，C50S 为 98.1，C55 为 98.8，各配比混凝土抗压强度均未出现较大损失，各配比混凝土均有较好的抗硫酸盐腐蚀性能。

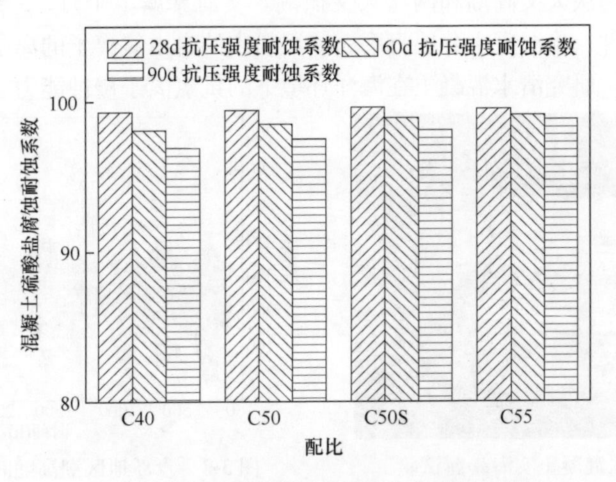

图 2-34　各配比混凝土硫酸盐腐蚀耐蚀系数

第3章　实海暴露环境下清水混凝土中氯离子传输与结合

滨海环境下服役的清水混凝土工程难免会受到盐雾、与海水相通地下水的腐蚀。为了更加准确地反映清水混凝土工程在滨海环境中的抵抗氯离子侵蚀能力，本章系统研究了不同强度等级清水混凝土在海洋大气区、潮汐区、浪溅区环境下的表层氯离子浓度、氯离子扩散系数和氯离子结合能力演变规律。为该环境条件下服役的清水混凝土结构耐久性设计与评估参数选取提供依据。

3.1　试验方案

针对第二章推荐的清水混凝土（如表2-15所示）开展实海暴露试验。将尺寸为100mm×100mm×100mm的混凝土试件标准养护至28d，然后用环氧树脂将混凝土试件四个面密封，留下两个侧面。环氧树脂硬化后，将混凝土试件投放到青岛小麦岛海洋暴露试验站的大气区、潮汐区和浪溅区，如图3-1所示。海洋暴露试验站位于北纬36°03′，东经120°25′的青岛市小麦岛。试验区域潮高数据如图3-2所示，数据的零基准为海平面以下239cm，从图中可以看出，青岛海域属于典型的半日潮。随着月球、太阳和地球三者所处相对位置不同，潮汐除日变化以外，还会以一月为周期形成两次天文高潮和两次天文低潮。实海暴露1个月、3个月、9个月后取回混凝土试件，将混凝土分层打磨，测试粉末的自由氯离子的离子含量和总氯离子的离子含量。研究清水混凝土在海洋环境下的抗氯离子侵蚀能力。

图3-1　清水混凝土实海暴露试验

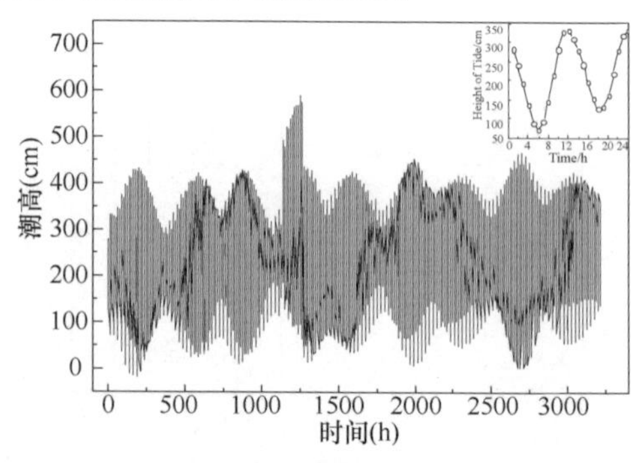

图3-2　青岛地区潮高随时间变化趋势

氯离子含量的测定参照《水运工程混凝土试验检测技术规范》（JTS/T 236—2019）进行。

（1）自由氯离子含量测定

试验原理：测试待测试样中 Cl^- 含量时，利用 $AgNO_3$ 标准溶液滴定，并用 K_2CrO_4 溶液作为指示剂，由于 AgCl 沉淀的溶解度要比 Ag_2CrO_4 小很多，因此当待测试样中的 Cl^- 沉淀完全后，Ag^+ 才会与 CrO_4^{2-} 反应生成砖红色 Ag_2CrO_4 沉淀，此时也是滴定结束的标志。化学反应式如式（3-1）、（3-2）所示。

$$Ag^+ + Cl^- \longrightarrow AgCl\downarrow \tag{3-1}$$

$$2Ag^+ + CrO_4^{2-} \longrightarrow Ag_2CrO_4\downarrow \tag{3-2}$$

试验步骤及自由氯离子含量计算：用分析天平准确称取 2.000g 混凝土粉末，置于清洗干净的塑料瓶中，用量筒量取 50ml（V_3）蒸馏水并加入，拧紧瓶盖，在震荡机上震荡 30min，静置 24h。将上述处理好的样品过滤后用移液管量取 25ml（V_4）溶液注入锥形瓶中，加入 2 滴酚酞溶液，并用稀硫酸中和至溶液无色，再加入 10 滴 K_2CrO_4 溶液，摇匀，用 $AgNO_3$ 溶液滴定至恰好溶液出现砖红色沉淀为止，记录滴定过程中所消耗的 $AgNO_3$ 溶液的体积（V_5）。自由氯离子含量计算如式（3-3）所示。

$$P = \frac{C_{AgNO_3} V_5 \times 0.03545}{G \times \frac{V_4}{V_5}} \times 100\% \tag{3-3}$$

式中 P——试样中自由氯离子的含量（%）；

G——混凝土粉末试样重量（g）；

V_3——溶解粉末所用蒸馏水量（ml）；

V_4——滴定时移取的滤液量（ml）；

V_5——滴定过程消耗的硝酸银溶液量（ml）。

（2）总氯离子含量测定

试验原理：首先将待测试样全部用稀硝酸溶解，然后在稀硝酸溶液中加入过量 $AgNO_3$ 标准溶液，使溶液中所有氯离子沉淀完全。在上述溶液中用铁钒作为指示剂，将过量的 $AgNO_3$ 用 KCNS 标准溶液滴定。在滴定过程中，CNS^- 首先会与 Ag^+ 生成白色 AgCNS 沉淀，CNS^- 有多余时与 Fe^{3+} 形成 $Fe(CNS)^{2+}$ 络离子使溶液显现红色，当滴定至红色能维持 5～10s 时，滴定结束。滴定过程中化学反应式如式（3-4）、式（3-5）、式（3-6）所示。

$$Ag^+ + Cl^- \rightarrow AgCl\downarrow \tag{3-4}$$

$$Ag^+ + SCN^- \rightarrow AgSCN\downarrow \tag{3-5}$$

$$2Fe^{3+} + 3SCN^- \rightarrow Fe_2(SCN)_3\downarrow \tag{3-6}$$

试验步骤及总氯离子含量计算：用分析天平准确称取 2.000g 待测粉末置于塑料瓶中，加入 50ml（V_1）稀硝酸溶液（$V_{蒸馏水}:V_{HNO_3}=85:15$），拧紧瓶盖，用振荡器震荡 30min，静置 24h 后待用。然后，将待测溶液过滤，用移液管移取 25mL 待测溶液加入到锥形瓶中，用滴定管加入 20ml（V_3）$AgNO_3$ 溶液，加入 4 滴 5% 的铁钒溶液，再用 KSCN 标准溶液将待测试样滴定至出现红色络合状沉淀且溶液维持 5～10s 不褪色，滴定结束，记录滴定过程中消耗的 KSCN 溶液的体积 V_4，根据式（3-7）计算待测样品中总氯离子含量。

$$C_t = \frac{0.03545 \times (C_{AgNO_3} \times V_3 - C_{KSCN} \times V_4)}{G \times \frac{V_2}{V_1}} \times 100\% \tag{3-7}$$

式中 C_t——待测试样中总氯离子含量（%）；

G——混凝土粉末试样重量（g）；

C_{AgNO_3}——$AgNO_3$溶液浓度（mol/L）；

V_1——溶解粉末所用蒸馏水量（ml）；

V_2——滴定时移取的滤液量（ml）；

V_3——滴定过程消耗的 $AgNO_3$溶液量（ml）；

V_4——滴定过程消耗的 KSCN 溶液量（ml）。

3.2 海洋大气区混凝土中氯离子传输与结合

将 100mm×100mm×100mm 的 C40、C50、C50S、C55 混凝土试件暴露于小麦岛海洋大气区腐蚀 1 个月、3 个月、9 个月后取回，测定混凝土不同深度自由氯离子含量和总氯离子含量，结果如图 3-3、图 3-4、图 3-5 所示。从图中可以看

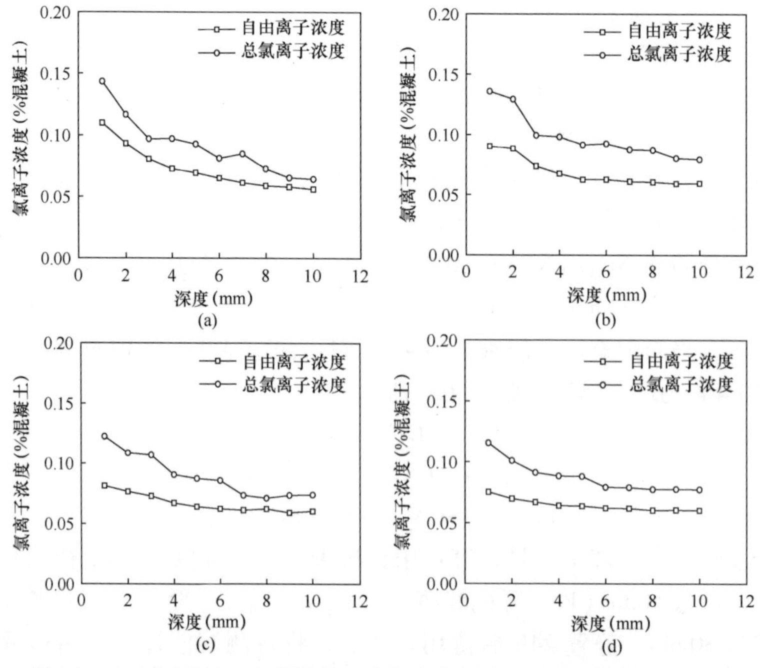

图 3-3 大气区腐蚀 1 个月混凝土内部自由氯离子与总氯离子分布曲线
（a）C40；（b）C50；（c）C50S；（d）C55

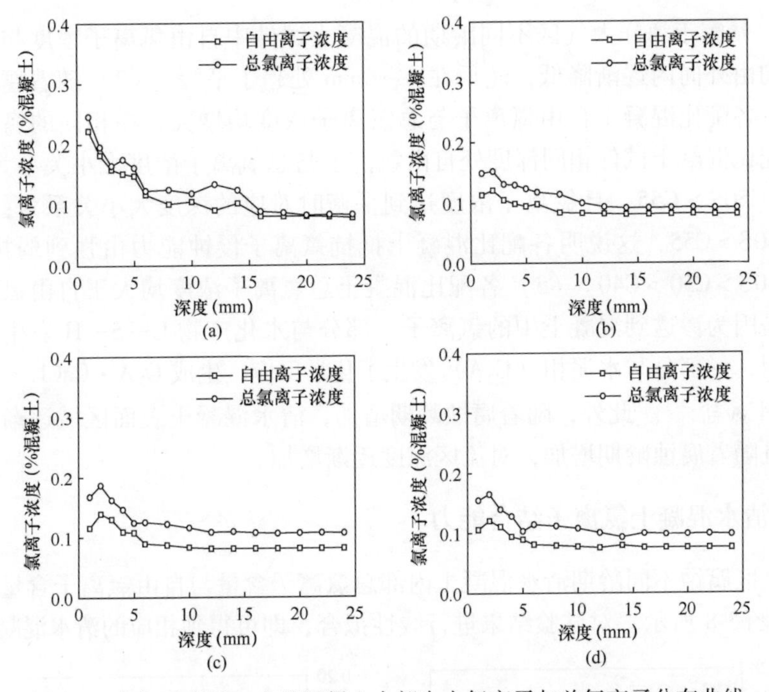

图 3-4　大气区腐蚀 3 个月混凝土内部自由氯离子与总氯离子分布曲线
（a）C40；（b）C50；（c）C50S；（d）C55

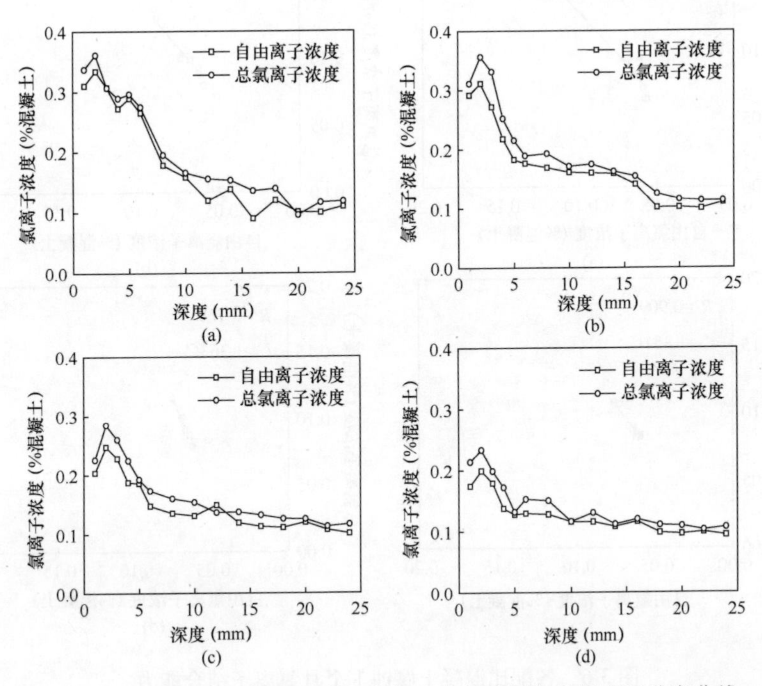

图 3-5　大气区腐蚀 9 个月混凝土内部自由氯离子与总氯离子分布曲线
（a）C40；（b）C50；（c）C50S；（d）C55

出：(1) 暴露于海洋大气区不同龄期的混凝土试件中自由氯离子浓度与总氯离子浓度均由外向内逐渐降低，然后在4~6mm处趋于平缓。(2) 随着腐蚀龄期的延长，各配比混凝土自由氯离子与总氯离子浓度均增大，在相同的腐蚀龄期下，各配比混凝土试件相同深度处自由氯离子与总氯离子浓度大小关系为：C40 > C50 > C50S > C55，且氯离子浓度达到平衡时对应的深度大小关系为：C40 > C50 > C50S > C55，这说明各配比混凝土抵抗氯离子侵蚀能力由强到弱排序为：C55 > C50S > C50 > C40。(3) 各配比混凝土总氯离子浓度均大于自由氯离子浓度，这是因为渗透到混凝土中的氯离子一部分与水化产物C—S—H发生了物理吸附作用，一部分与水泥相 (C_3A) 发生了化学反应，生成 $C_3A \cdot CaCl_2 \cdot 10H_2O$，即Friedel's盐[67]。此外，随着腐蚀龄期增加，清水混凝土表面区域逐渐出现对流区，且随着腐蚀龄期增加，对流区深度逐渐增加。

3.2.1 清水混凝土氯离子结合能力

大气区腐蚀不同龄期清水混凝土内部总氯离子含量与自由氯离子含量关系如图3-6~图3-8所示。对试验结果进行线性拟合，即可得到相应的清水混凝土氯离

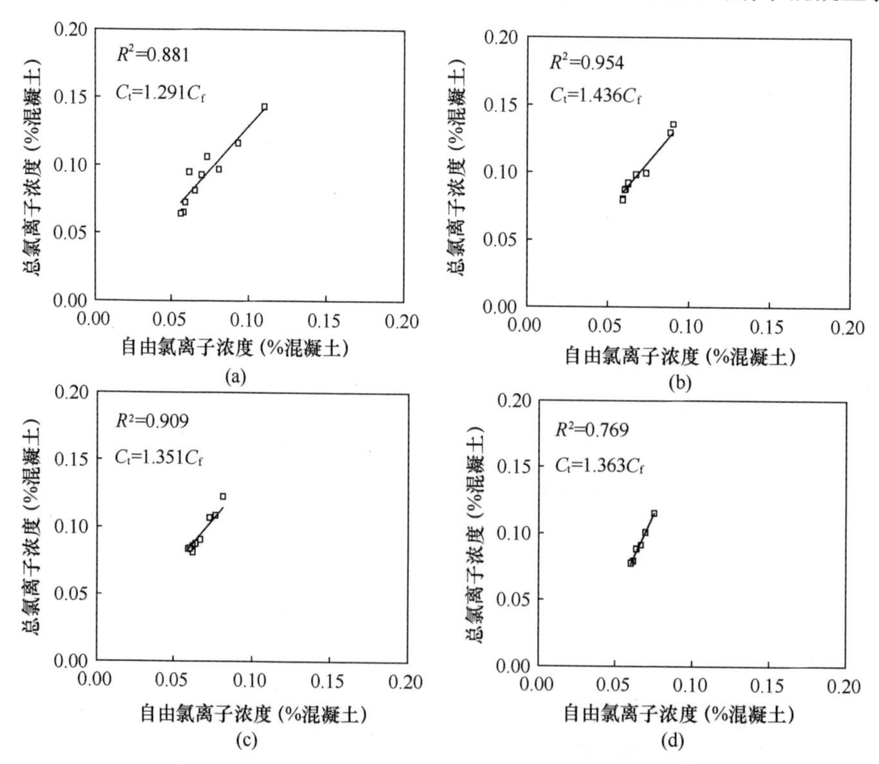

图3-6 各配比混凝土腐蚀1个月氯离子结合能力

(a) C40；(b) C50；(c) C50S；(d) C55

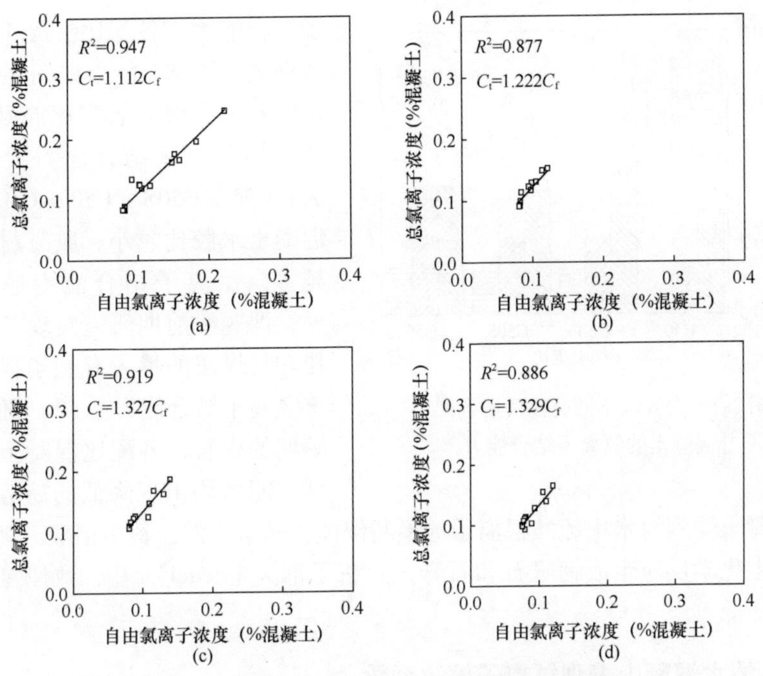

图 3-7　各配比混凝土腐蚀 3 个月氯离子结合能力

（a）C40；（b）C50；（c）C50S；（d）C55

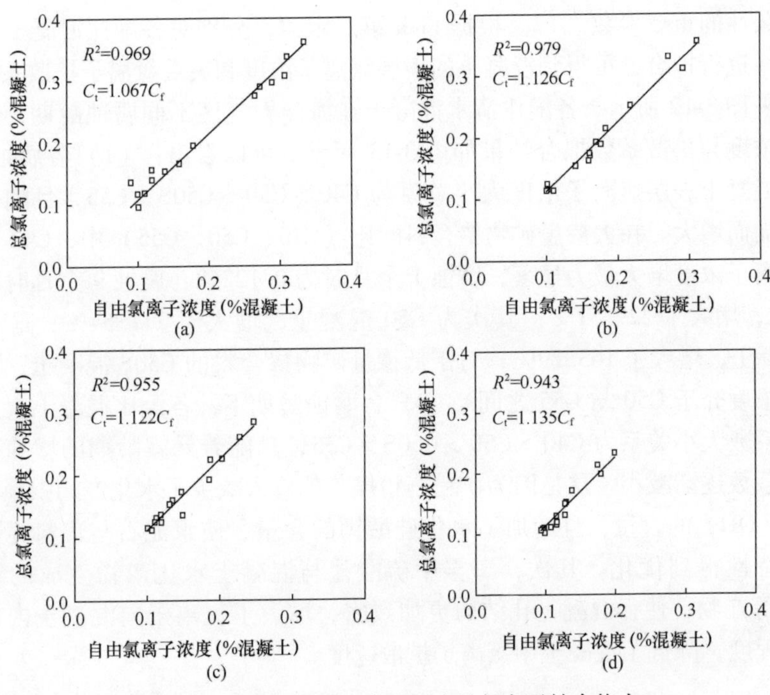

图 3-8　各配比混凝土腐蚀 9 个月氯离子结合能力

（a）C40；（b）C50；（c）C50S；（d）C55

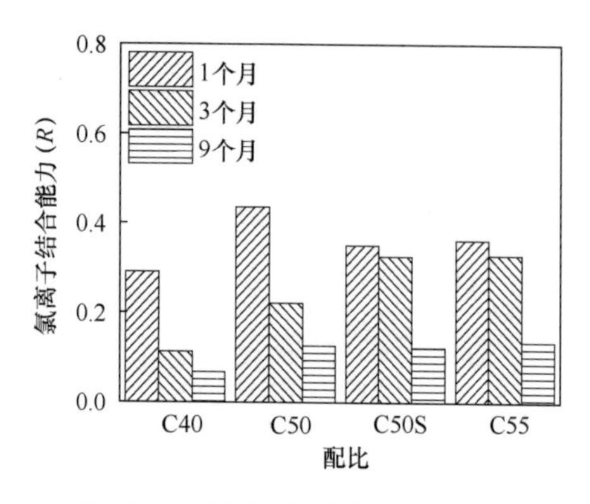

图 3-9　大气区不同腐蚀龄期各配比混凝土的氯离子结合能力

子结合能力。各配比混凝土各腐蚀龄期氯离子结合能力如图 3-9 所示。可以看出：（1）各配比混凝土各腐蚀龄期氯离子结合能力大小关系为：C55 > C50S > C50 > C40。表明混凝土水胶比越小，胶凝材料用量越多，氯离子结合能力越强。此外，课题组前期研究发现[68,69]，矿粉和粉煤灰的掺入有利于提高混凝土氯离子结合能力。（2）随着腐蚀龄期的延长，各配比混凝土氯离子结合能力均出现降低的趋势。这是因为混凝土受到海水中硫酸根离子的不断侵蚀，其与水泥熟料中铝酸三钙的水化产物发生化学反应生成钙矾石和石膏，解析了部分 Friedel's 盐，致使氯离子结合能力降低[70]。

3.2.2　清水混凝土表观氯离子扩散系数

氯离子扩散系数是表征混凝土内部氯离子迁移状况的物理量，是反映混凝土结构耐久性的重要参数[71,72]。根据 Fick 第二定律，分别对各配比混凝土自由氯离子曲线进行拟合，可得到混凝土的表层氯离子浓度和表观氯离子扩散系数，如图 3-10 ~ 图 3-12 所示。各配比清水混凝土在海洋大气区不同腐蚀龄期，其表层氯离子浓度与扩散系数拟合结果如图 3-13 所示。可以看出：（1）各腐蚀龄期，各配比混凝土表层氯离子浓度大小关系为 C40 > C50 > C50S > C55，且随着暴露龄期增加而增大。在大掺量矿物掺合料配比（C40、C50、C55）中，C40 混凝土表层氯离子浓度增大最为显著，腐蚀 1 个月时为 0.122%，腐蚀 9 个月时增大到 0.402%，增大了 229.51%；其次为 C50 混凝土，增大了 211.54%；最小的为 C55 混凝土，增大了 163.29%；对于低掺量矿物掺合料的 C50S 混凝土，其表层氯离子浓度介于 C50 与 C55 之间。（2）各腐蚀龄期下，各配比混凝土表观氯离子扩散系数大小关系为 C40 > C50 > C50S > C55，且随着暴露龄期的增加而氯离子扩散系数逐渐减小。这是因为矿粉、粉煤灰的掺入减少了水化产物中稳定性较差的 $Ca(OH)_2$的含量，且增加了水化硅酸钙的含量，使水泥石与集料界面过渡区界面特性得到优化。其次，海雾中硫酸盐与混凝土水化产物生成的钙矾石（AFt）等产物，使得混凝土孔结构更加致密，增大了氯离子向混凝土内部迁移的困难程度，降低了混凝土中氯离子扩散速度。

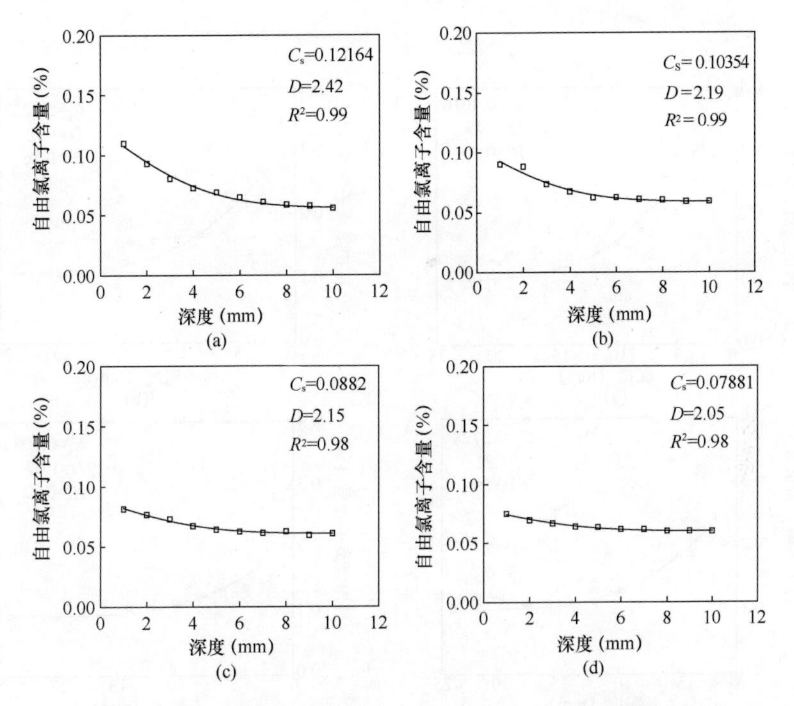

图 3-10　各配比混凝土腐蚀 1 个月表层氯离子浓度与扩散系数

（a）C40；（b）C50；（c）C50S；（d）C55

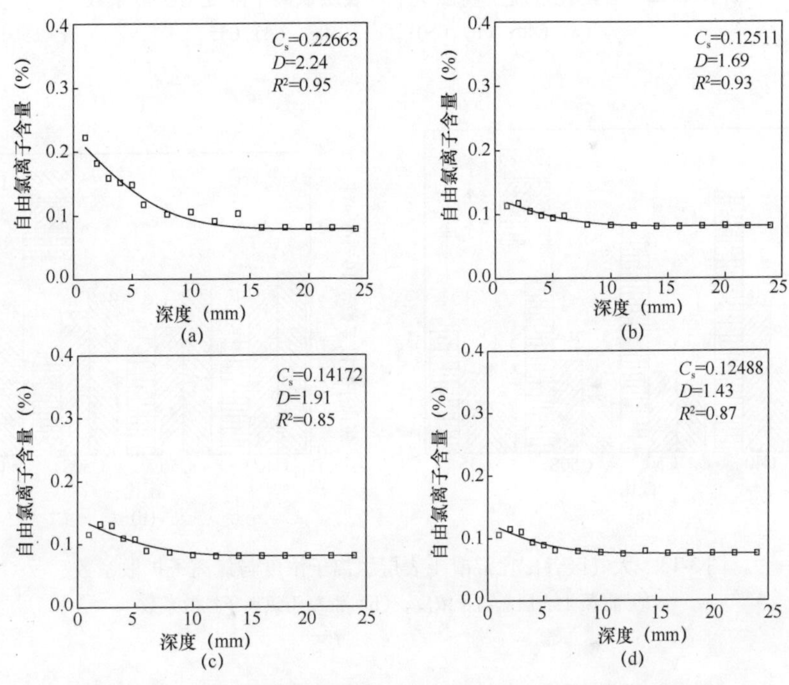

图 3-11　各配比混凝土腐蚀 3 个月表层氯离子浓度与扩散系数

（a）C40；（b）C50；（c）C50S；（d）C55

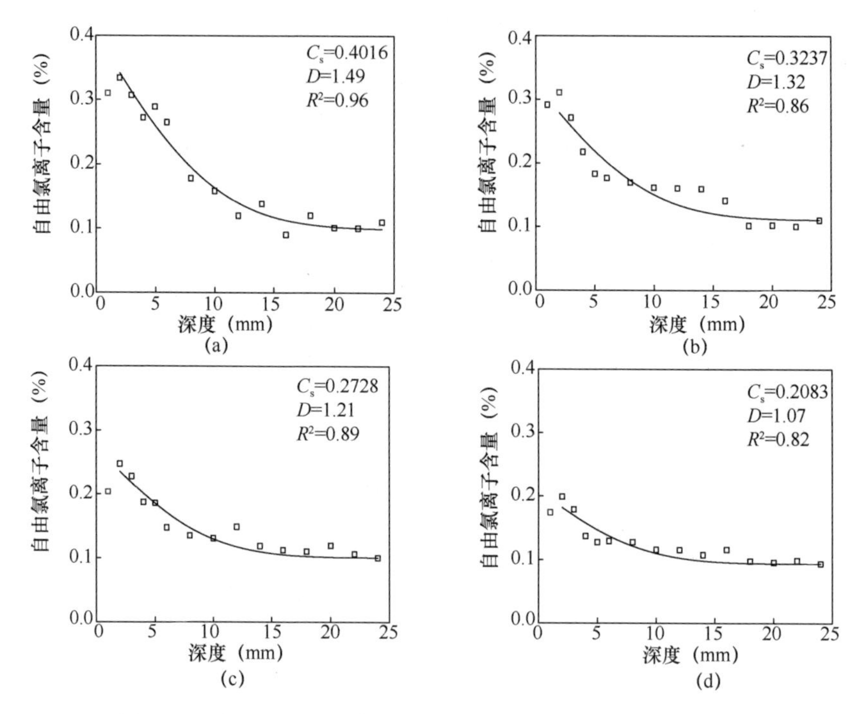

图 3-12　各配比混凝土腐蚀 9 个月表层氯离子浓度与扩散系数

（a）C40；（b）C50；（c）C50S；（d）C55

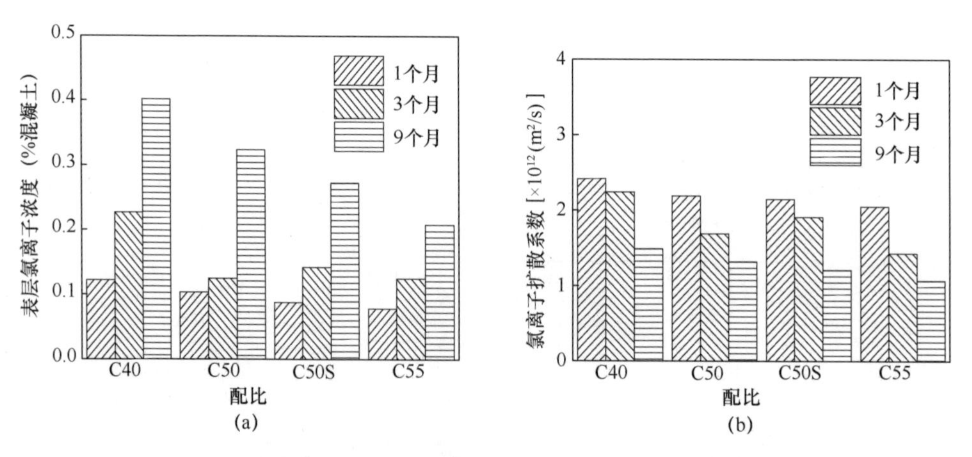

图 3-13　大气区各配比混凝土表层氯离子浓度与氯离子扩散系数

（a）混凝土表层氯离子浓度；（b）混凝土氯离子扩散系数

3.3 海洋潮汐区混凝土中氯离子传输与结合

将100mm×100mm×100mm的C40、C50、C50S、C55混凝土试件暴露于小麦岛海洋潮汐区腐蚀1个月、3个月和9个月，混凝土不同深度处自由氯离子与总氯离子含量如图3-14~图3-16所示。从图中可以看出：（1）暴露于海洋潮汐区1个月的各配比混凝土试件自由氯离子浓度与总氯离子浓度均由外向内逐渐降低，并在6~8mm处渐渐趋于平缓，腐蚀龄期为3个月、9个月时，氯离子浓度在表层3~5mm处形成了一个波峰，也就是对流区。（2）随着腐蚀龄期的延长，各配比混凝土自由氯离子与总氯离子浓度均增大，在相同的腐蚀龄期下，各配比混凝土试件相同深度处自由氯离子与总氯离子浓度大小关系为：C40 > C50 > C50S > C55。表明各配比混凝土抵抗氯离子侵蚀能力由强到弱排序为：C55 > C50S > C50 > C40。

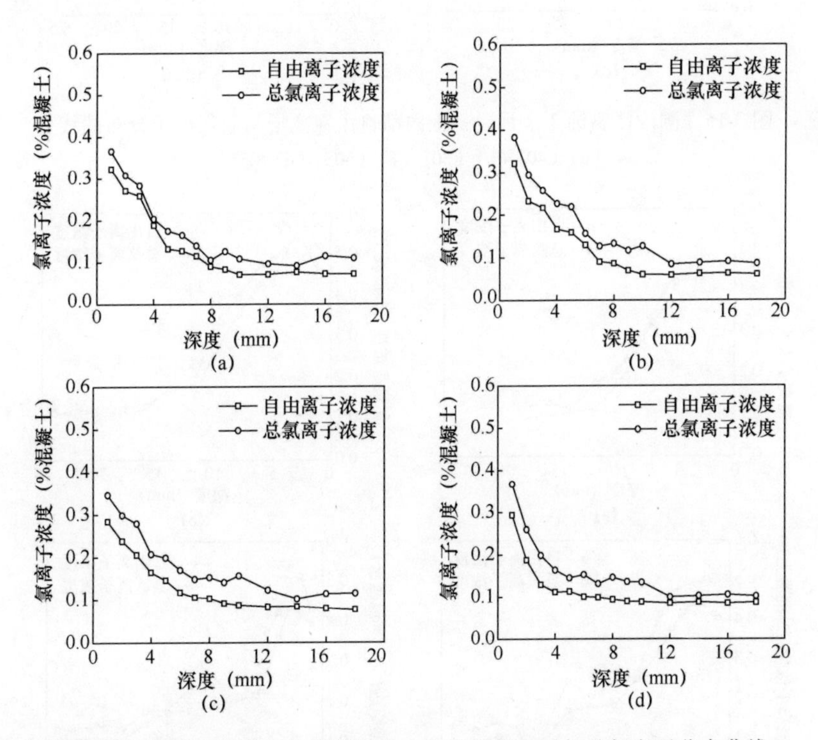

图3-14　潮汐区腐蚀1个月混凝土内部自由氯离子与总氯离子分布曲线

(a) C40；(b) C50；(c) C50S；(d) C55

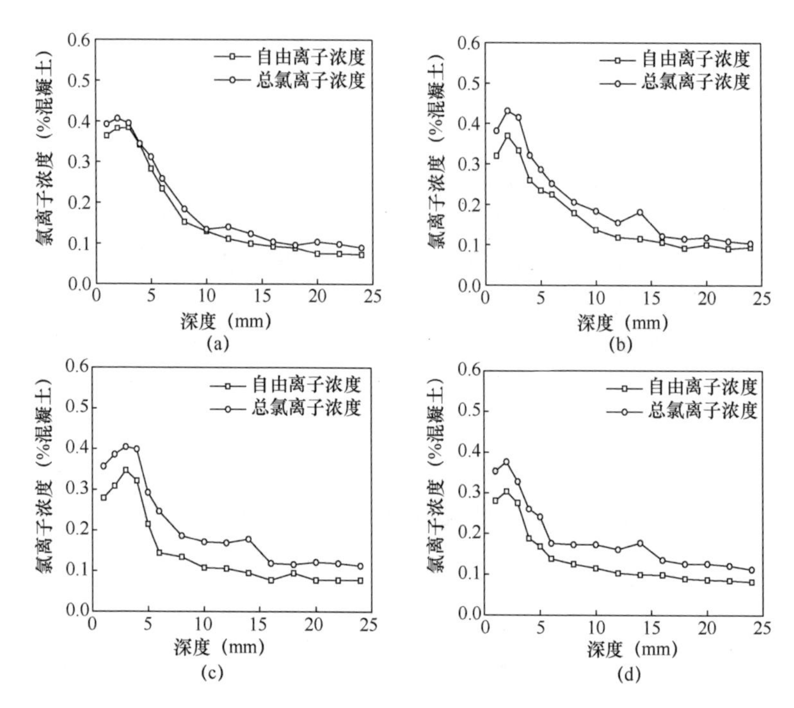

图 3-15 潮汐区腐蚀 3 个月混凝土内部自由氯离子与总氯离子分布曲线

（a）C40；（b）C50；（c）C50S；（d）C55

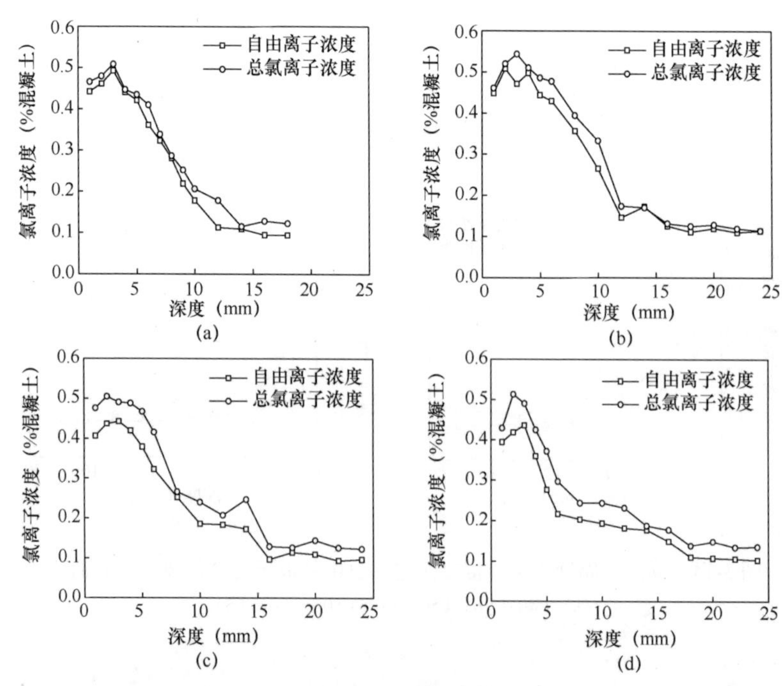

图 3-16 潮汐区腐蚀 9 个月混凝土内部自由氯离子与总氯离子分布曲线

（a）C40；（b）C50；（c）C50S；（d）C55

3.3.1　清水混凝土氯离子结合能力

潮汐区腐蚀 1 个月、3 个月、9 个月后，清水混凝土内部总氯离子含量与自由氯离子含量关系如图 3-17 ~ 图 3-19 所示。对试验结果进行线性拟合，即可得到清水混凝土的氯离子结合能力。各配比混凝土不同腐蚀龄期氯离子结合能力如图 3-20 可知。显然，各配比混凝土不同腐蚀龄期的氯离子结合能力大小关系为：C55 > C50S > C50 > C40。这与海洋大气区试验结果相同，这进一步说明混凝土水胶比越小，胶凝材料用量越多，氯离子结合能力越强。其次，随着腐蚀龄期的延长，各配比混凝土氯离子结合能力不断下降。

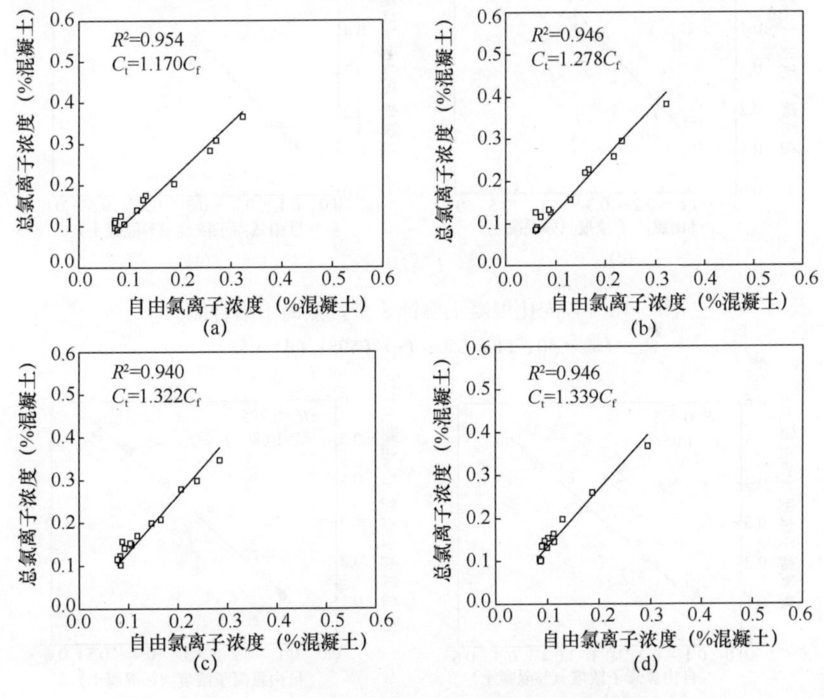

图 3-17　各配比混凝土腐蚀 1 个月氯离子结合能力

(a) C40；(b) C50；(c) C50S；(d) C55

3.3.2　清水混凝土表观氯离子扩散系数

根据 Fick 第二定律，分别对各配比混凝土自由氯离子浓度分布进行拟合，可得到表层氯离子浓度和表观氯离子扩散系数，如图 3-21 ~ 图 3-23 所示。各配比清水混凝土在海洋潮汐区不同腐蚀龄期，其表层氯离子浓度与扩散系数拟合结果如图 3-24 所示。可以看出：(1) 暴露于海洋潮汐区各腐蚀龄期下各配比混凝土表层氯离子浓度大小关系为 C40 > C50 > C50S > C55，氯离子浓度随着暴露龄期增加而增大，且在相同腐蚀龄期下潮汐区表层氯离子浓度明显高于大气区。

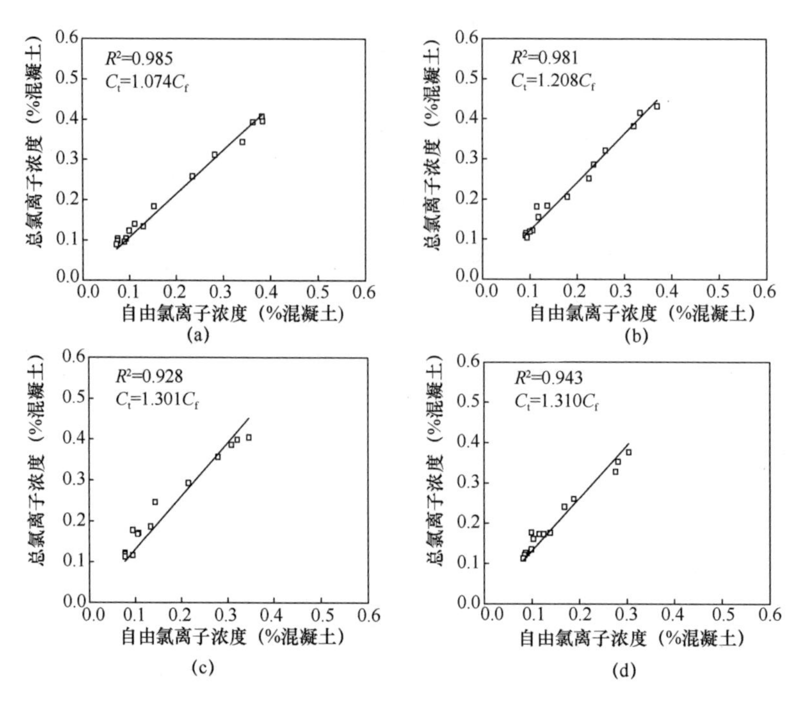

图 3-18　各配比混凝土腐蚀 3 个月氯离子结合能力

（a）C40；（b）C50；（c）C50S；（d）C55

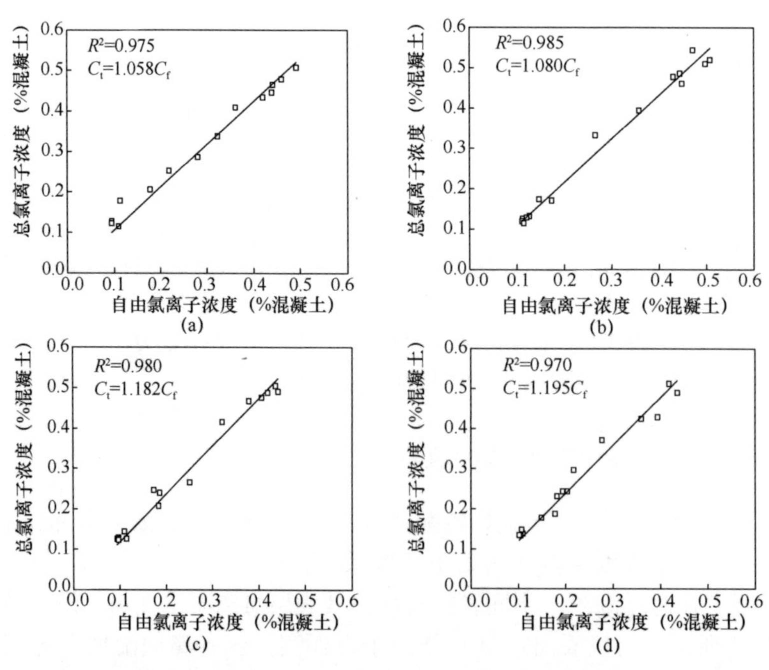

图 3-19　各配比混凝土腐蚀 9 个月氯离子结合能力

（a）C40；（b）C50；（c）C50S；（d）C55

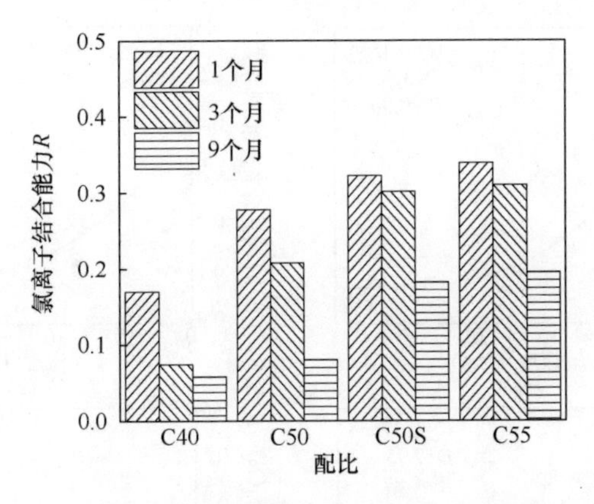

图3-20 潮汐区不同腐蚀龄期各配比混凝土氯离子结合能力

(2) 不同腐蚀龄期下，各配比混凝土氯离子扩散系数大小关系为C40 > C50 > C50S > C55，且随着暴露龄期增加氯离子扩散系数逐渐下降。对比大气区的试验结果可以发现，潮汐区各配比混凝土氯离子扩散系数要高于大气区。这是因为在潮汐区混凝土与腐蚀介质的接触频率明显高于大气区，且由于涨潮落潮的原因，潮汐区混凝土长期处于干湿交替状态，更有利于氯离子向混凝土内部迁移。

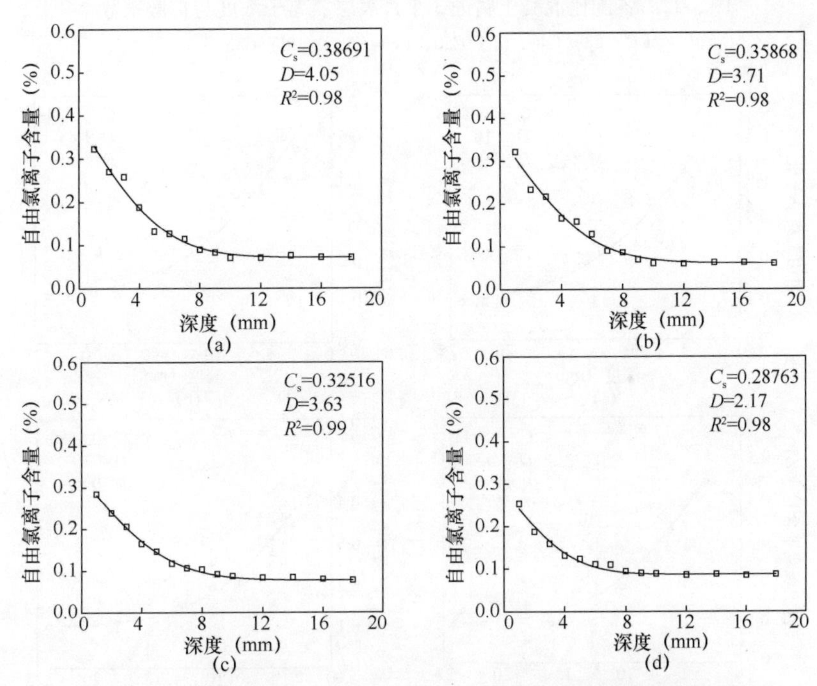

图3-21 各配比混凝土腐蚀1个月表层氯离子浓度与扩散系数

(a) C40；(b) C50；(c) C50S；(d) C55

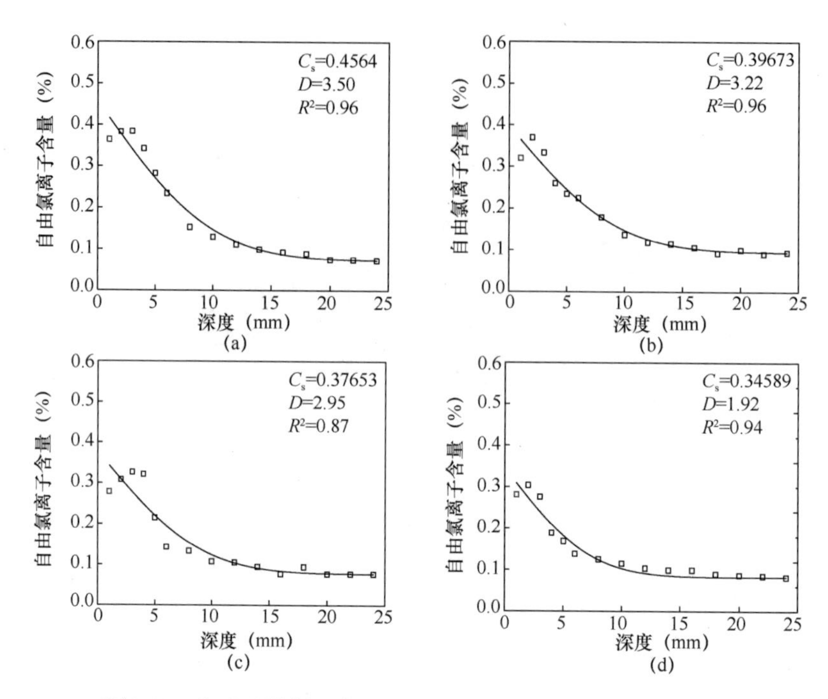

图 3-22　各配比混凝土腐蚀 3 个月表层氯离子浓度与扩散系数

（a）C40；（b）C50；（c）C50S；（d）C55

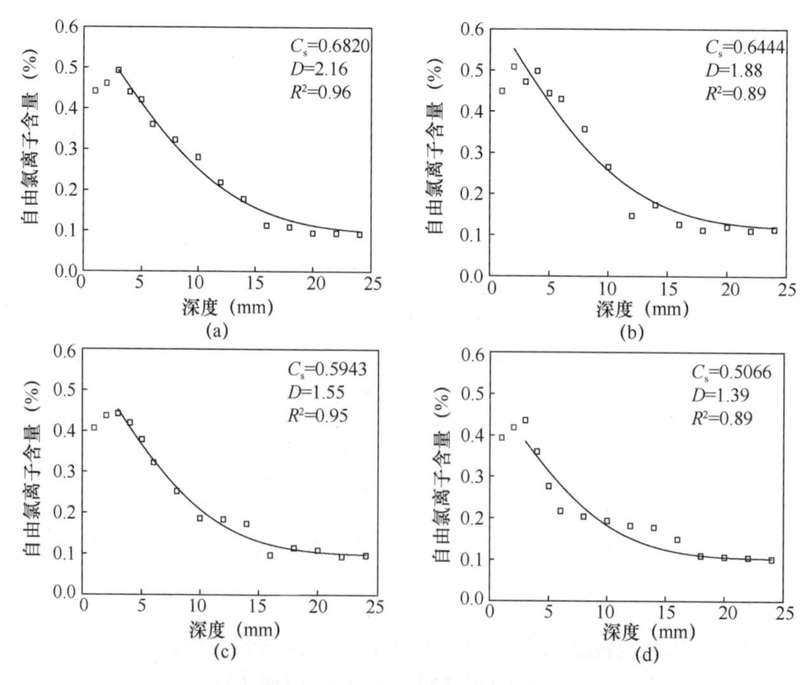

图 3-23　各配比混凝土腐蚀 9 个月表层氯离子浓度与扩散系数

（a）C40；（b）C50；（c）C50S；（d）C55

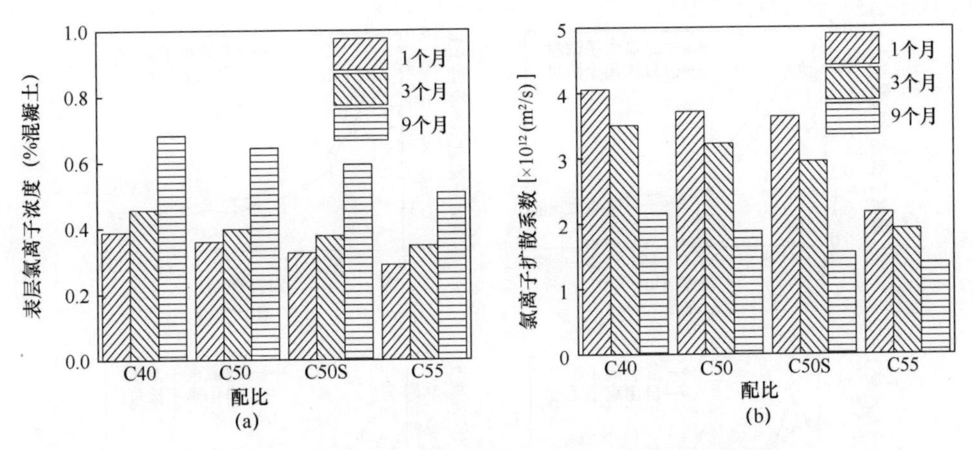

图 3-24　潮汐区各配比混凝土表层氯离子浓度与扩散系数

（a）混凝土表层氯离子浓度；（b）混凝土氯离子扩散系数

3.4　海洋浪溅区混凝土中氯离子传输与结合

C40、C50、C50S、C55 混凝土不同深度的自由氯离子与总氯离子浓度分布如图 3-25～图 3-27 所示。从图中可以看出：(1) 暴露于海洋浪溅区 1 个月的混凝土试件中自由氯离子浓度与总氯离子浓度均由外向内逐渐降低，并在 8～10mm 处渐渐趋于平缓；腐蚀龄期为 3 个月、9 个月时，氯离子浓度在表层 3～

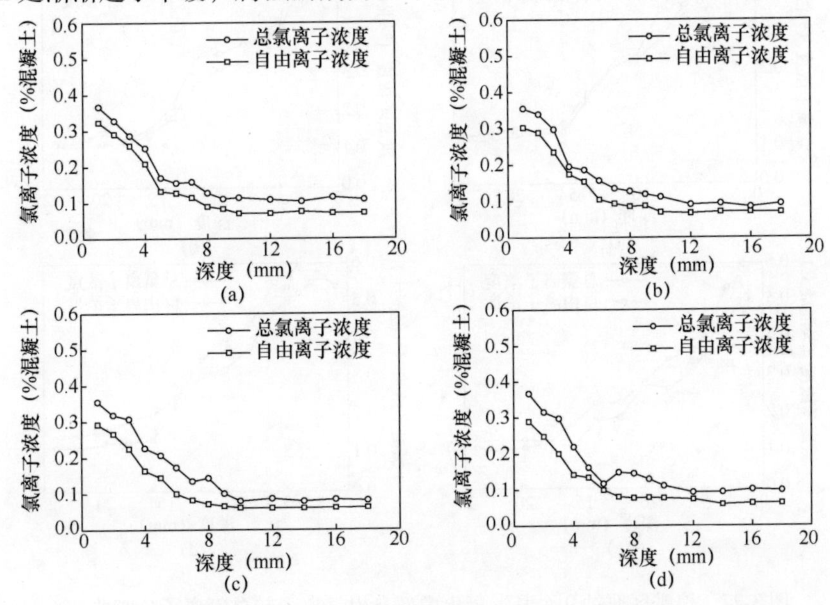

图 3-25　浪溅区腐蚀 1 个月混凝土内部自由氯离子与总氯离子分布曲线

（a）C40；（b）C50；（c）C50S；（d）C55

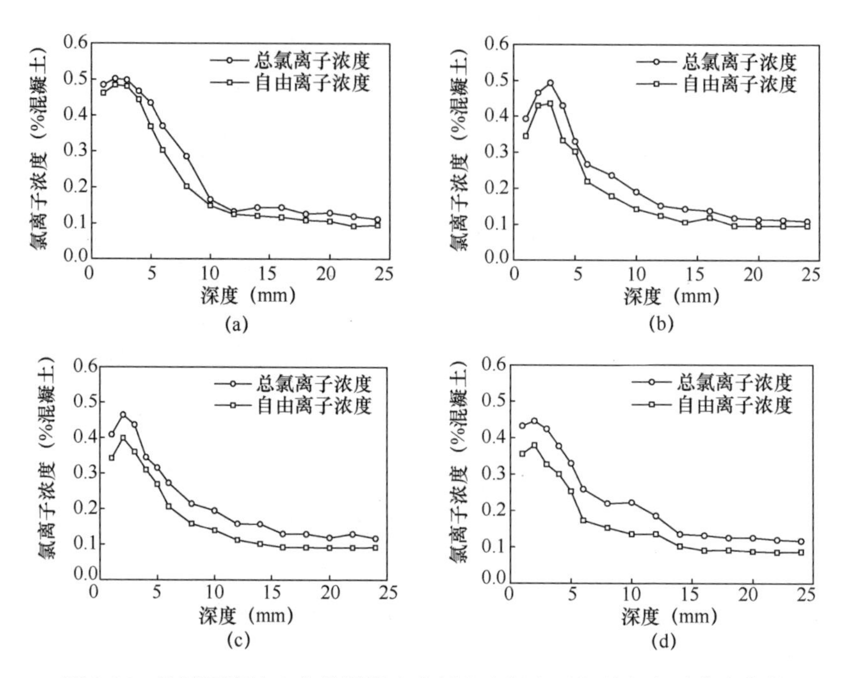

图 3-26　浪溅区腐蚀 3 个月混凝土内部自由氯离子与总氯离子分布曲线

（a）C40；（b）C50；（c）C50S；（d）C55

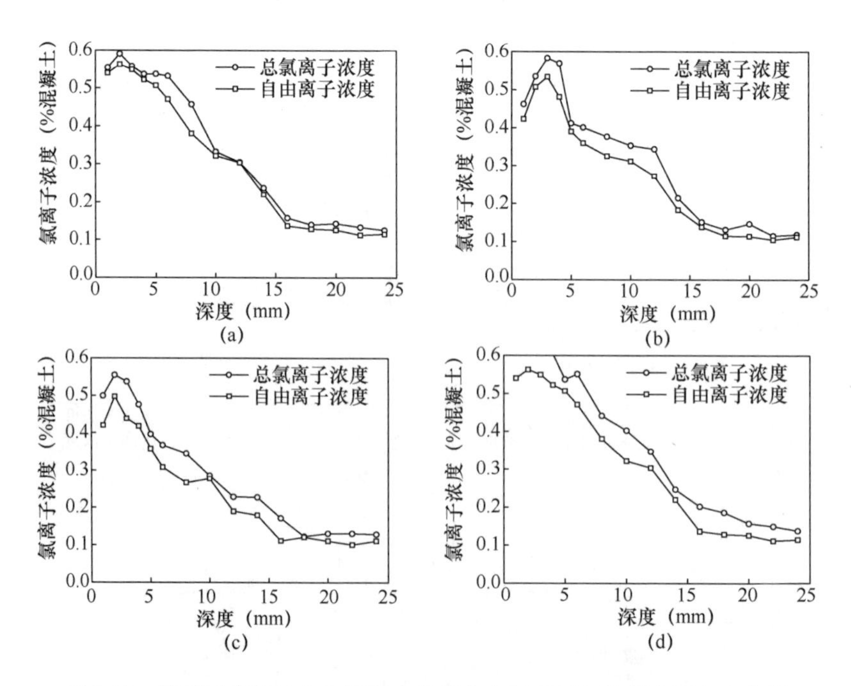

图 3-27　浪溅区腐蚀 9 个月混凝土内部自由氯离子与总氯离子分布曲线

（a）C40；（b）C50；（c）C50S；（d）C55

5mm 处形成了一个波峰（对流区）。（2）相同腐蚀龄期下浪溅区各配比混凝土自由氯离子与总氯离子含量均高于潮汐区与大气区。（3）在相同的腐蚀龄期下，各配比混凝土试件相同深度处自由氯离子与总氯离子浓度大小关系为：C40 > C50 > C50S > C55，表明在浪溅区各配比混凝土抵抗氯离子侵蚀能力由强到弱排序为：C55 > C50S > C50 > C40。

3.4.1　清水混凝土氯离子结合能力

浪溅区腐蚀 1 个月、3 个月、9 个月后，清水混凝土内部总氯离子含量与自由氯离子含量关系如图 3-28 ~ 图 3-30 所示。对试验结果进行线性拟合，即可得到相应的清水混凝土氯离子结合能力。各配比混凝土各腐蚀龄期氯离子结合能力如图 3-31 所示。可以看出：（1）各配比混凝土各腐蚀龄期氯离子结合能力大小关系为：C55 > C50S > C50 > C40。表明混凝土水胶比越小，胶凝材料用量越多，氯离子结合能力越强。（2）随着腐蚀龄期的延长，各配比混凝土氯离子结合能力均出现与大气区、潮汐区相同的降低的趋势。

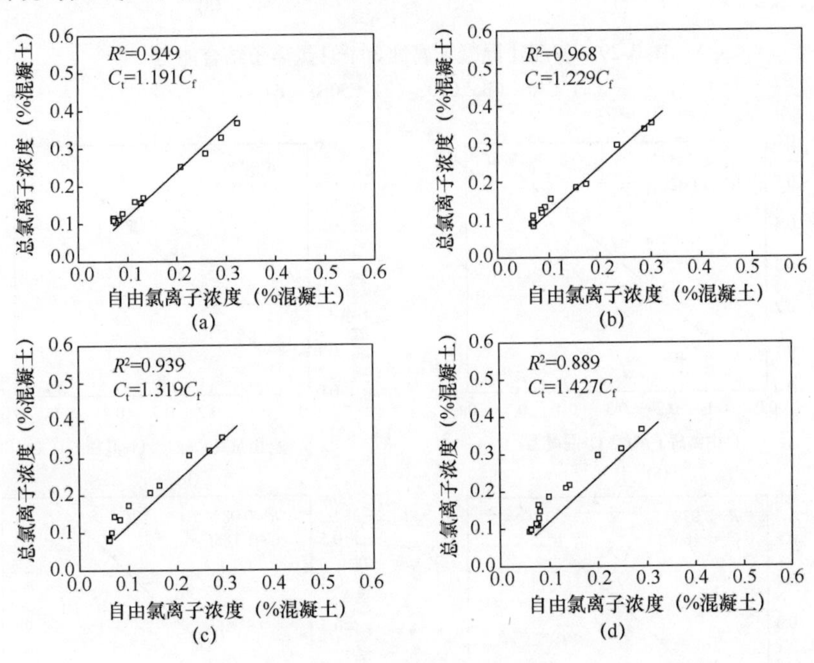

图 3-28　各配比混凝土腐蚀 1 个月氯离子结合能力

（a）C40；（b）C50；（c）C50S；（d）C55

3.4.2　清水混凝土表观氯离子扩散系数

根据 Fick 第二定律对各配比混凝土自由氯离子曲线进行拟合，可得到表层氯离子浓度和表观氯离子扩散系数，如图 3-32 ~ 图 3-34 所示。各配比清水混凝

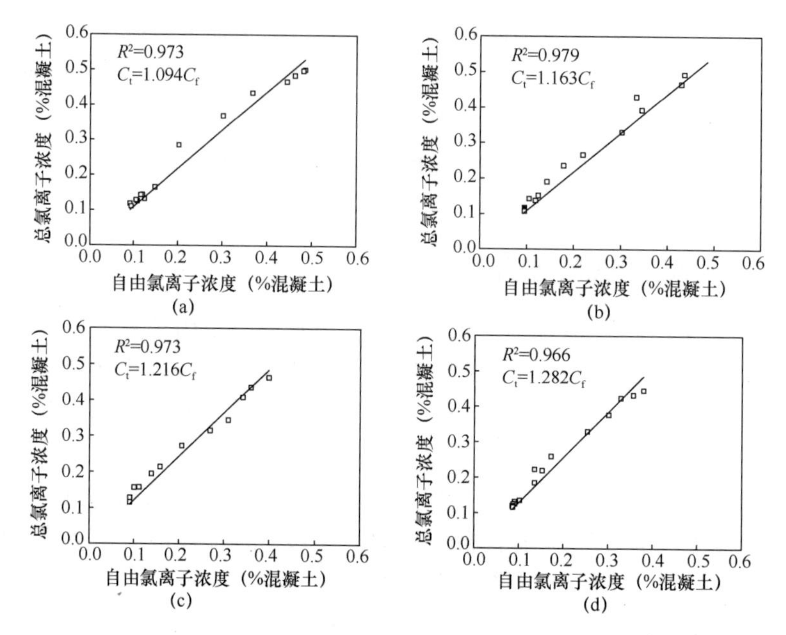

图 3-29　各配比混凝土腐蚀 3 个月氯离子结合能力

（a）C40；（b）C50；（c）C50S；（d）C55

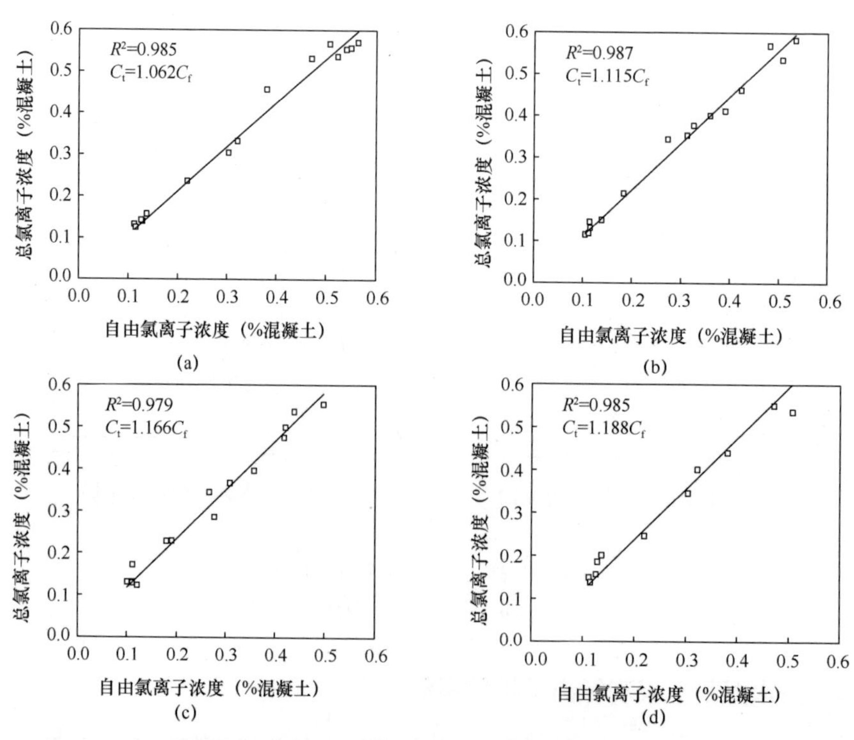

图 3-30　各配比混凝土腐蚀 9 个月氯离子结合能力

（a）C40；（b）C50；（c）C50S；（d）C55

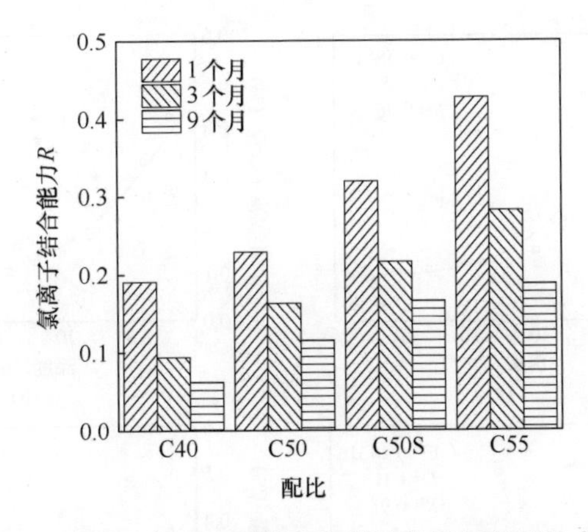

图 3-31　浪溅区各配比混凝土各腐蚀龄期氯离子结合能力

土在海洋潮汐区不同腐蚀龄期，其表层氯离子浓度与扩散系数拟合结果图 3-35 所示。可以看出：（1）暴露于海洋浪溅区各腐蚀龄期下各配比混凝土表层氯离子浓度大小关系为 C40 > C50 > C50S > C55，氯离子浓度随着暴露龄期的延长均增大，且在相同腐蚀龄期下浪溅表层氯离子浓度高于大气区与潮汐区。（2）各腐蚀龄期下，各配比混凝土氯离子扩散系数大小关系为 C40 > C50 > C50S > C55，且随着暴露龄期延长，氯离子扩散系数呈逐渐降低趋势。浪溅区混凝土的氯离子扩散系数要大于大气区与潮汐区，浪溅区混凝土更容易受到氯离子的腐蚀。

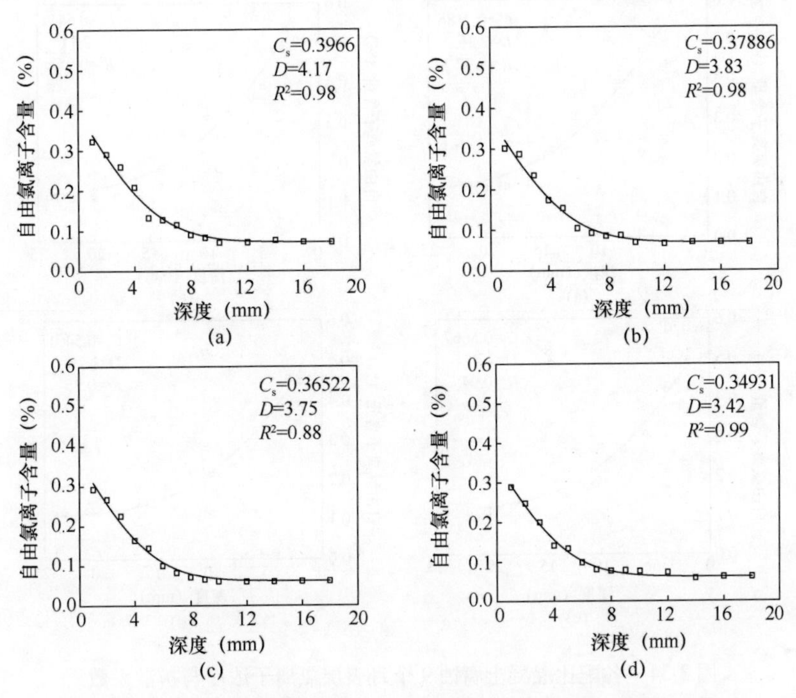

图 3-32　各配比混凝土腐蚀 1 个月表层氯离子浓度与扩散系数

（a）C40；（b）C50；（c）C50S；（d）C55

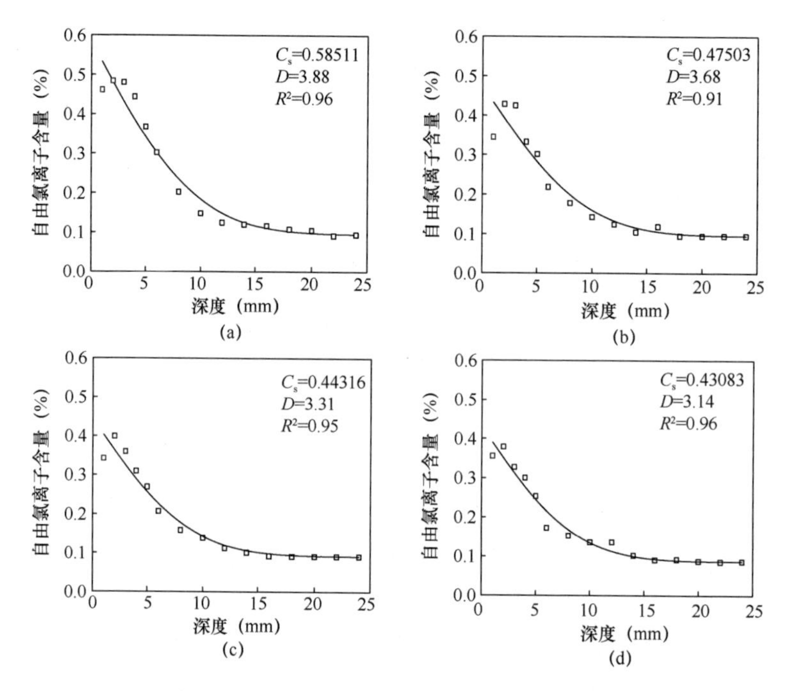

图 3-33 各配比混凝土腐蚀 3 个月表层氯离子浓度与扩散系数

（a）C40；（b）C50；（c）C50S；（d）C55

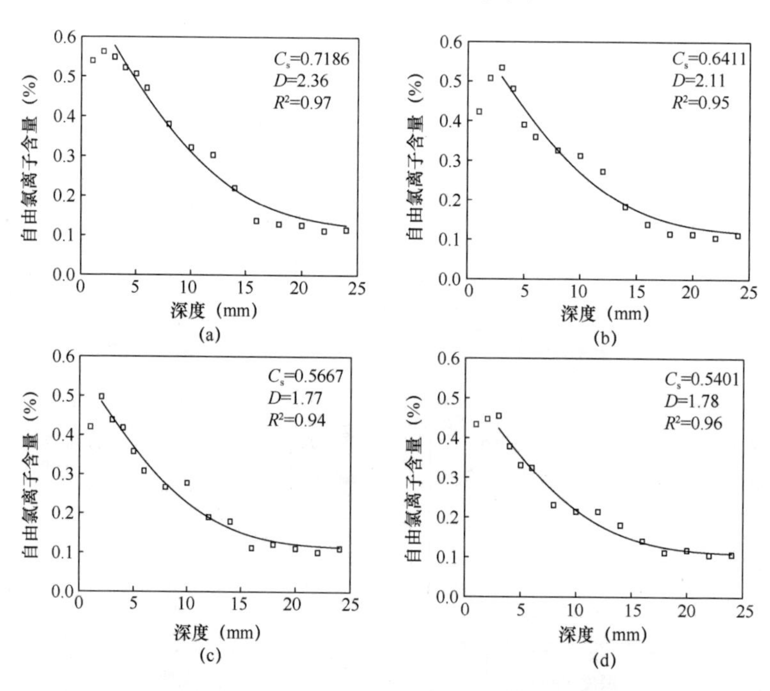

图 3-34 各配比混凝土腐蚀 9 个月表层氯离子浓度与扩散系数

（a）C40；（b）C50；（c）C50S；（d）C55

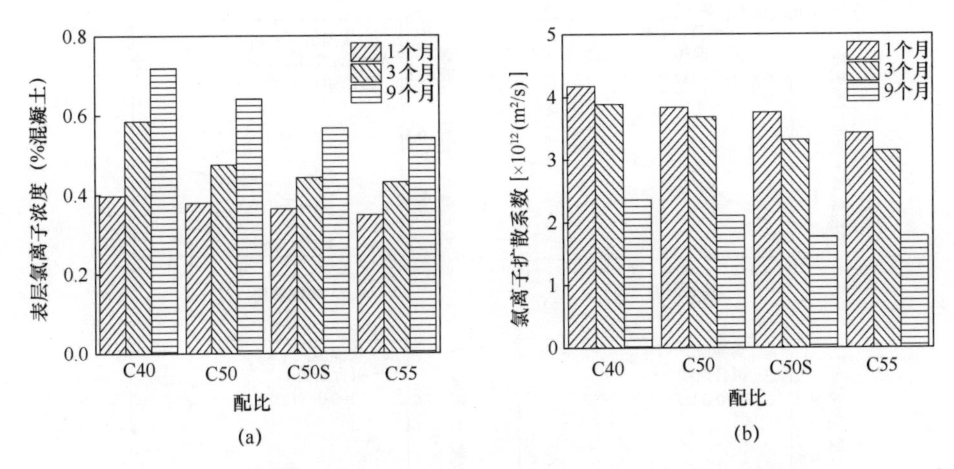

图 3-35　浪溅区各配比混凝土表层氯离子浓度与氯离子扩散系数

（a）混凝土表层氯离子浓度；（b）混凝土氯离子扩散系数

3.5　腐蚀龄期对清水混凝土氯离子传输与结合的影响

3.5.1　表面氯离子浓度随腐蚀龄期演变规律

目前，国内外学者针对混凝土表面氯离子浓度与暴露龄期的关系做了大量研究，余红发等[73,74]建立了多种混凝土表面自由氯离子浓度时变模型。本研究选用式（3-8）对所测数据进行拟合，得到混凝土表面氯离子浓度时变函数。拟合结果如图 3-36 ~ 图 3-38 所示。可以看出，混凝土表面自由氯离子浓度随暴露龄期呈幂函数增长，在暴露腐蚀早期表面自由氯离子浓度增长较快，暴露腐蚀后期逐渐变慢。可根据拟合函数预测暴露龄期为 T 时混凝土表面自由氯离子含量。

$$C_S(T) = K \times T^m \tag{3-8}$$

式中　$C_s(T)$ ——暴露龄期 t 时的混凝土表面自由氯离子含量（% 混凝土）；

T——时间；

m——时间依赖指数。

3.5.2　表观氯离子扩散系数随腐蚀龄期演变规律

Duracrete 等将混凝土表观氯离子扩散系数与暴露龄期的关系描述为式（3-9）所示的幂函数关系。按照上述关系拟合实海暴露环境下清水混凝土的表观氯离子扩散系数随时间演变关系如图 3-39 ~ 图 3-41 所示。由图中可以看出，混凝土表观氯离子扩散系数随暴露龄期的延长指数减小。根据时间依赖性指数 m 的大小可以判断出：各配比混凝土氯离子扩散系数减低速度由快到慢排序为：C55 > C50S > C50 > C40，降低的水胶比有助于延长海洋环境下混凝土的服役寿命。

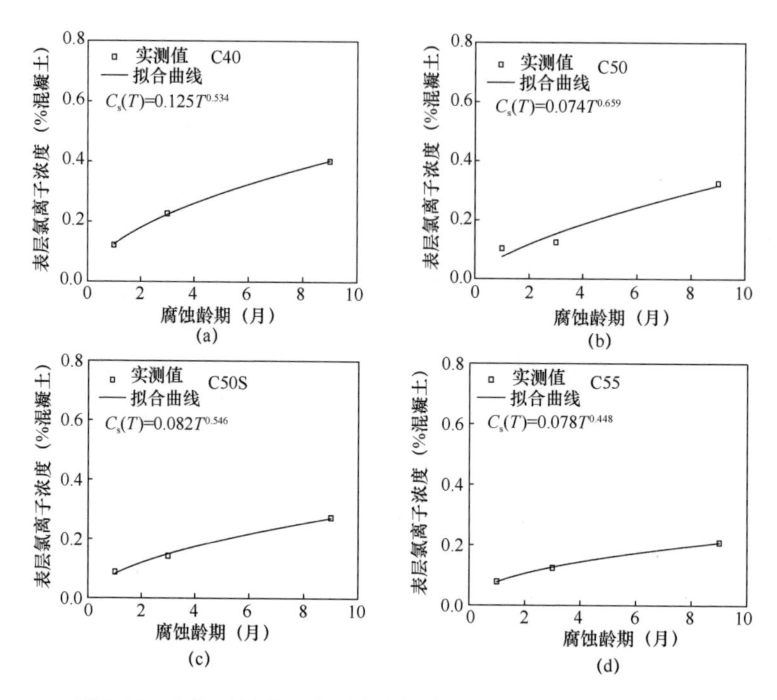

图 3-36　大气区混凝土表面自由氯离子浓度与暴露龄期的关系

（a）C40；（b）C50；（c）C50S；（d）C55

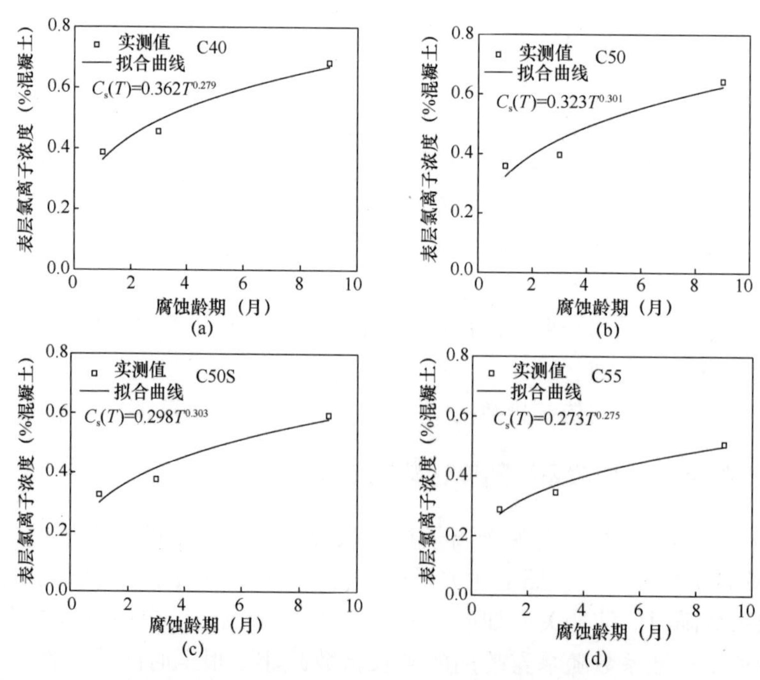

图 3-37　潮汐区混凝土表面自由氯离子浓度与暴露龄期的关系

（a）C40；（b）C50；（c）C50S；（d）C55

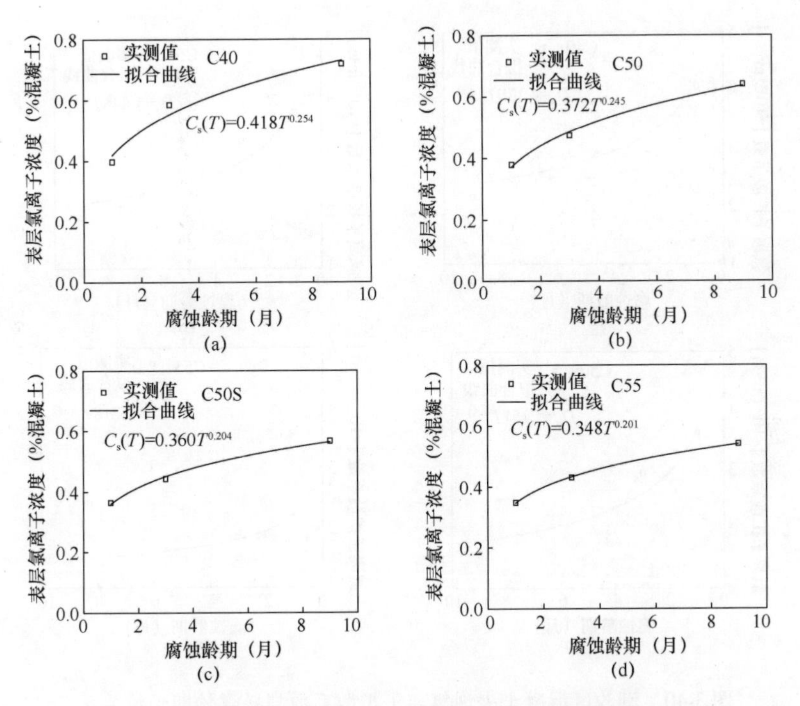

图 3-38　浪溅区混凝土表面自由氯离子浓度与暴露龄期的关系

（a）C40；（b）C50；（c）C50S；（d）C55

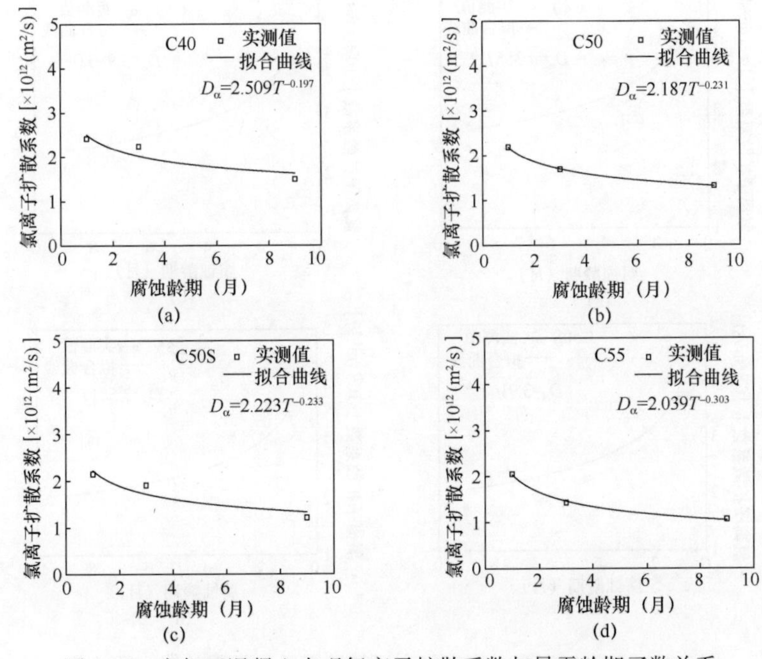

图 3-39　大气区混凝土表观氯离子扩散系数与暴露龄期函数关系

（a）C40；（b）C50；（c）C50S；（d）C55

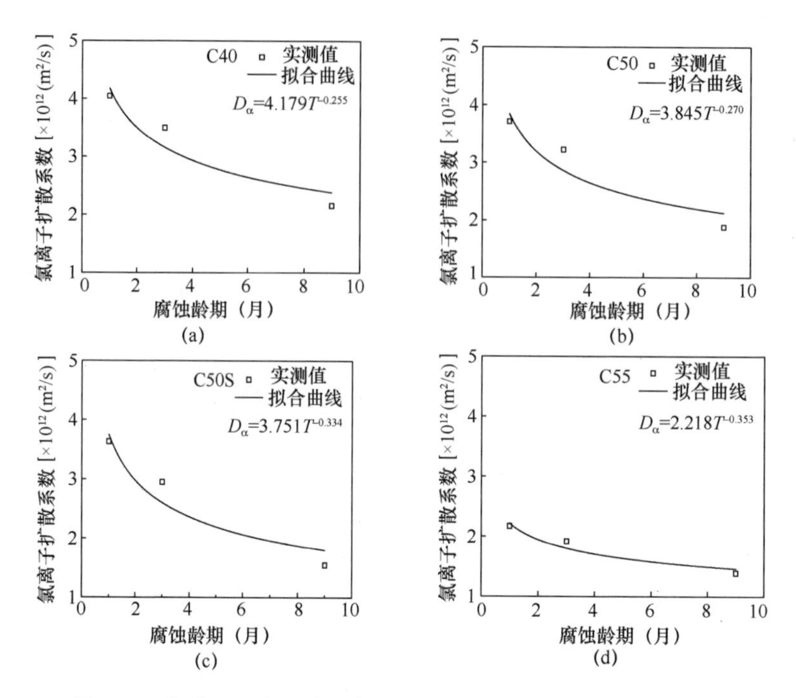

图 3-40　潮汐区混凝土表观氯离子扩散系数与暴露龄期函数关系

（a）C40；（b）C50；（c）C50S；（d）C55

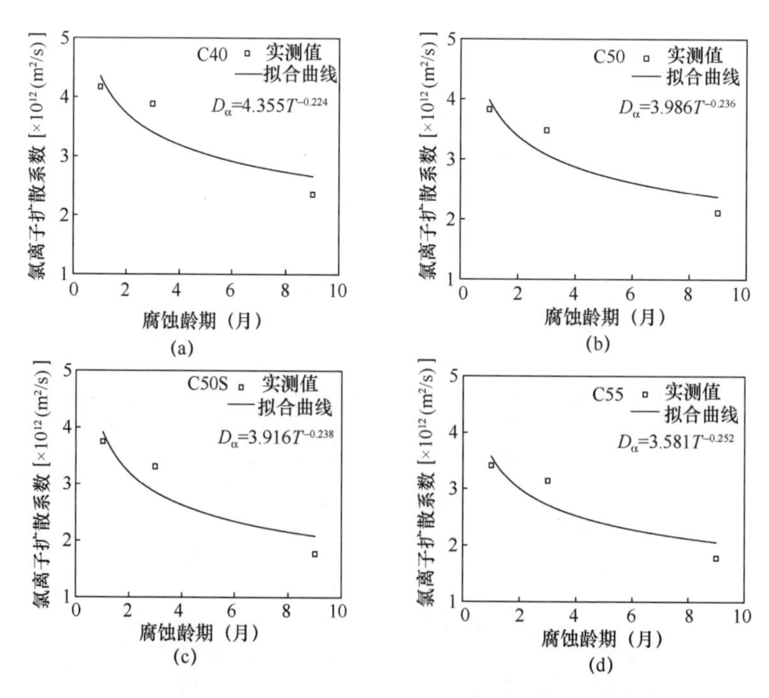

图 3-41　浪溅区混凝土表观氯离子扩散系数与暴露龄期函数关系

（a）C40；（b）C50；（c）C50S；（d）C55

$$D_{\alpha} = D_{\alpha0} \cdot \left(\frac{T_0}{T}\right)^m \tag{3-9}$$

式中 $D_{\alpha0}$——暴露龄期 t_0 时混凝土表观氯离子扩散系数，此处取腐蚀龄期为 1 个月的表观氯离子扩散系数为 $D_{\alpha0}$，其对应的 T_0 为 58d；

$D_{\alpha0}$——暴露龄期 T 时混凝土表观氯离子扩散系数；

m——时间依赖性指数。

3.6 海洋不同腐蚀区域对混凝土中氯离子传输的影响

由前述试验结果可以看出：（1）随着腐蚀龄期的延长，各配比清水混凝土表面氯离子浓度均增大，氯离子扩散系数及结合能力均减小。（2）在相同腐蚀龄期条件下，不同腐蚀区域混凝土表面氯离子浓度与氯离子扩散系数大小排序为：浪溅区 > 潮汐区 > 大气区。海洋三个腐蚀区中，浪溅区环境下混凝土的腐蚀程度最为严重。这是因为浪溅区混凝土表层相对湿度更低，对氯离子的毛细吸附能力更强；且浪花飞溅带来的氯离子充足，浪花飞溅及其气蚀作用更加速了氯离子的侵入，故混凝土腐蚀更严重。潮汐区混凝土长期受到干湿循环作用，在干湿循环作用下会加速氯离子向混凝土内部传输。大气区主要受盐雾作用，混凝土表面氯离子浓度最低。不同腐蚀区带对混凝土的氯离子结合能力影响不大。

第4章 实海暴露环境下清水混凝土中硫酸根离子传输与反应

滨海盐渍土和海水中存在较高浓度的硫酸根离子，硫酸根离子与清水混凝土接触后，可能产生物理结晶或化学腐蚀，引起混凝土开裂剥落。本章系统研究了不同强度等级清水混凝土在海洋大气区、潮汐区、浪溅区的硫酸根离子传输与反应规律，为该环境条件下服役的清水混凝土抗硫酸盐性能提升提供依据。

4.1 试验方案

清水混凝土在青岛小麦岛海洋暴露试验站不同腐蚀区域暴露1个月、3个月、9个月后取回，将其分层打磨，测试粉末的自由硫酸根离子含量和总硫酸根离子含量。研究清水混凝土在海洋环境下的抗硫酸盐侵蚀能力。

目前，SO_4^{2-}含量的测试方法主要有重量法、EDTA容量法、离子色谱法和比浊法等[75]。其中，重量法是测定SO_4^{2-}含量最经典的方法，该方法较为成熟，精确度高，分析测试成本低，但是操作过于烦琐，耗时较长且检测限较低，不适宜测定微量体系；EDTA容量法能够使$BaSO_4$沉淀反应彻底，在测定时无须过滤可直接带沉淀测试，但在测定时，体系pH值较高（pH = 10.0），且易受Ca^{2+}和Mg^{2+}等离子干扰。离子色谱法检测限宽、精度高且可多组同时测定，但其设备价格较高，而且耗材费用高，不适用于大范围测试。实践证明$BaSO_4$比浊法测试快速、结果稳定且精度较高，在快速测试混凝土中微量SO_4^{2-}含量方面有较大的优势[68,76]。考虑到混凝土孔溶液及其粉末浸泡溶液与普通硫酸盐腐蚀介质在pH值、阴阳离子类型等方面存在差别，体系更为复杂，所以硫酸根离子含量测试采用比浊法。试验中采用的分光光度计波长范围为340～600nm，选取波长440nm。

（1）试验原理

比浊法依据Tynadll效应原理[77]，当光照射到分散体系中的颗粒物质时会发生散射现象，散射光的强度由Raleigh公式（4-1）推导而来。当被测物质一定时，入射光强度A_0，波长λ，密度ρ及粒子体积V相同时，

$$\frac{KA_oV}{\lambda^4\rho} = K \tag{4-1}$$

体系吸光度A与物质的沉淀量C为线性关系。

（2）自由硫酸根离子含量测定

用天平精确称取4g待测混凝土试样置于塑料瓶中，加入75mL蒸馏水，拧紧瓶盖，在振荡器上振荡30min后，静置一夜。用定性滤纸将待测溶液过滤，移取10mL加入到试管中，加入10mL PVA（60mg/g）与$BaCl_2$（50mg/g）混合溶液，定容至50mL，充分振荡均匀，移取部分溶液加入到比色管中，用分光光度计计算吸光光度值*Abs*，将吸光光度值代入式（4-2）中，得到10mL待测液体中自由硫酸根离子浓度。

$$y = 11.26Abs^2 + 3.72Abs - 0.34 \tag{4-2}$$

（3）总硫酸根离子含量测定

用天平精确称取4g待测混凝土试样置于塑料瓶中，加入75mL稀硝酸溶液（$V_{HNO_3}:V_{蒸馏水}=15:85$），拧紧瓶盖，在振荡器上振荡30min后，静置一夜。用定性滤纸将待测溶液过滤，移取10mL加入到试管中，加入10mL PVA（60mg/g）与$BaCl_2$（50mg/g）混合溶液，定容至50mL，充分振荡均匀，移取部分溶液加入到比色管中，用分光光度计计算吸光光度值，将吸光光度值代入式（4-3）中，得到10mL待测液体中总硫酸根离子浓度。

$$y = 12.63Abs^2 + 2.67Abs + 0.02 \tag{4-3}$$

4.2　海洋大气区清水混凝土中硫酸根离子传输与反应

4.2.1　清水混凝土中硫酸根离子传输

将100mm×100mm×100mm的C40、C50、C50S、C55清水混凝土试件暴露于麦岛海洋暴露站大气区腐蚀3个月、9个月。腐蚀龄期结束后将试件取回，分层打磨后测试混凝土试件的总硫酸根离子含量，结果如图4-1所示。从图中可以看出：（1）最外层混凝土中硫酸根离子浓度最高，且从外到内逐渐降低，暴露3

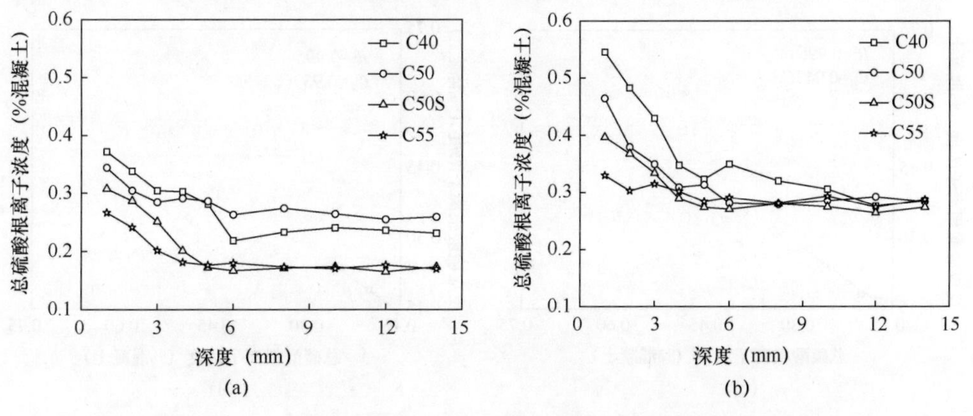

图4-1　海洋大气区暴露3个月、9个月清水混凝土的总硫酸根离子浓度分布

（a）大气区暴露3个月总硫酸根离子浓度；（b）大气区暴露9个月总硫酸根离子浓度

个月、9个月的试件硫酸根离子浓度均出现不同程度的增大，且在6mm左右浓度达到平衡。（2）在同一深度处总硫酸根离子浓度大小关系为：C40 > C50 > C50S > C55，这说明降低混凝土水胶比可以使混凝土更加密实，阻碍了硫酸根离子的渗入，提高其抗硫酸盐腐蚀性能。

4.2.2 清水混凝土中硫酸根离子反应

为研究大气区各配比清水混凝土硫酸根离子反应能力，分别测试了C40、C50、C50S、C55暴露3个月、9个月时总硫酸根离子浓度与自由硫酸根离子浓度。从而得到反应硫酸根离子浓度（总硫酸根离子浓度与自由硫酸根离子浓度的差值）与总硫酸根离子浓度的关系，如图4-2和图4-3所示。对图4-2和图4-3进行线性拟合，可得到各配比清水混凝土试件的硫酸根离子反应系数K，如图4-4所示。可以看出：（1）所有混凝土的硫酸根离子反应系数均在0.93以上。表明进入混凝土中的绝大多数硫酸根离子与水泥水化产物发生反应生成腐蚀产物，仅有少量硫酸根离子以自由状态存在。（2）在相同腐蚀龄期下，各配比清水混凝土试件硫酸根离子反应系数K大小关系为：C40 > C50 > C50S > C55。由于硫

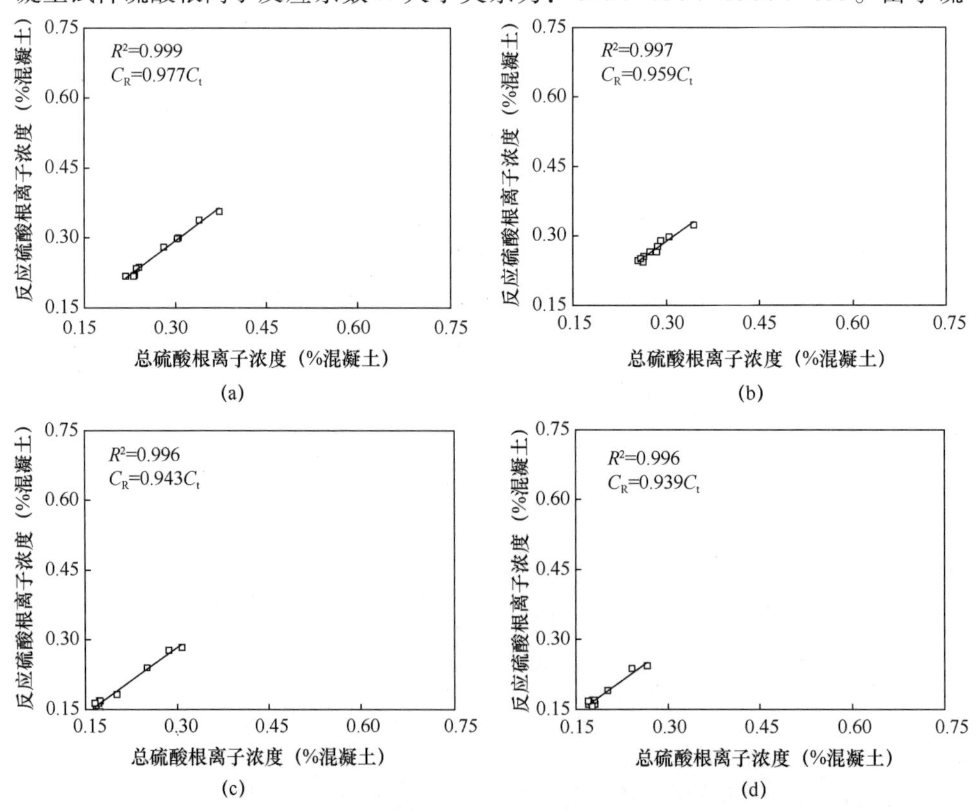

图4-2 大气区暴露3个月清水混凝土反应硫酸根离子浓度与总硫酸根离子浓度的关系
（a）C40；（b）C50；（c）C50S；（d）C55

酸根离子与混凝土水化产物反应会生成钙矾石和石膏等有害物质，因此反应系数 K 值越大，对混凝土材料越不利。从这一点来看，*C55* 混凝土的抗硫酸盐腐蚀性能最好。

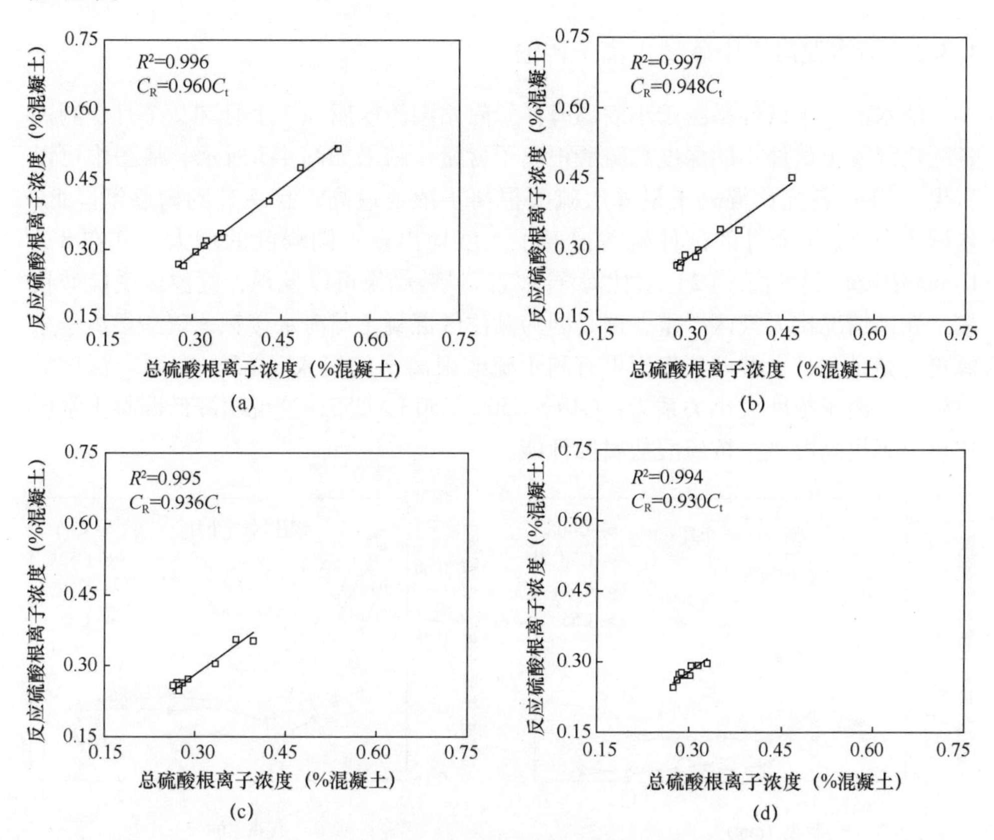

图 4-3　大气区暴露 9 个月清水混凝土反应硫酸根离子浓度与总硫酸根离子浓度的关系

（a）C40；（b）C50；（c）C50S；（d）C55

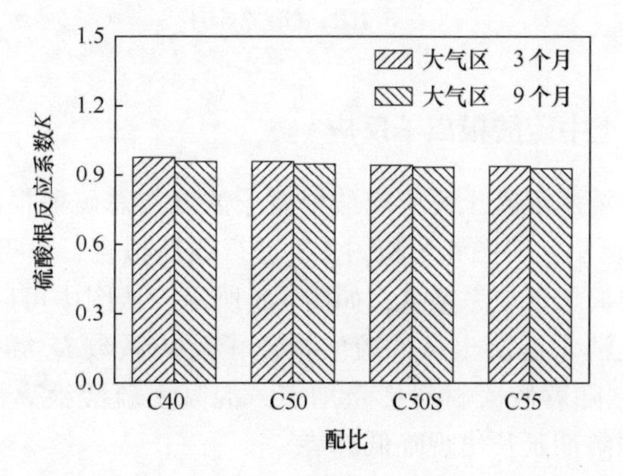

图 4-4　大气区暴露 3 个月、9 个月，各配比清水混凝土硫酸根离子反应系数 K

4.3 海洋潮汐区清水混凝土中硫酸根离子传输与反应

4.3.1 清水混凝土中硫酸根离子传输

清水混凝土试件暴露于小麦岛海洋暴露站潮汐区腐蚀3个月和9个月，测试各配比混凝土试件不同深度总硫酸根离子含量，结果如图4-5所示。从图中可以看出：（1）各配比混凝土最外层硫酸根离子浓度最高，且从外到内逐渐降低，暴露3个月、9个月的试件硫酸根离子浓度均出现不同程度的增大，并在8~10mm浓度达到平衡。（2）对比海洋大气区试验结果可以发现，潮汐区受硫酸根离子腐蚀情况比大气区严重，这是因为潮汐区混凝土与海水接触，硫酸根离子来源更为充足，且干湿循环作用更有利于硫酸根离子的侵入。（3）在同一深度处总硫酸根离子浓度大小关系为：C40 > C50 > C50S > C55，这说明降低混凝土水胶比可显著提高混凝土抗硫酸盐腐蚀性能。

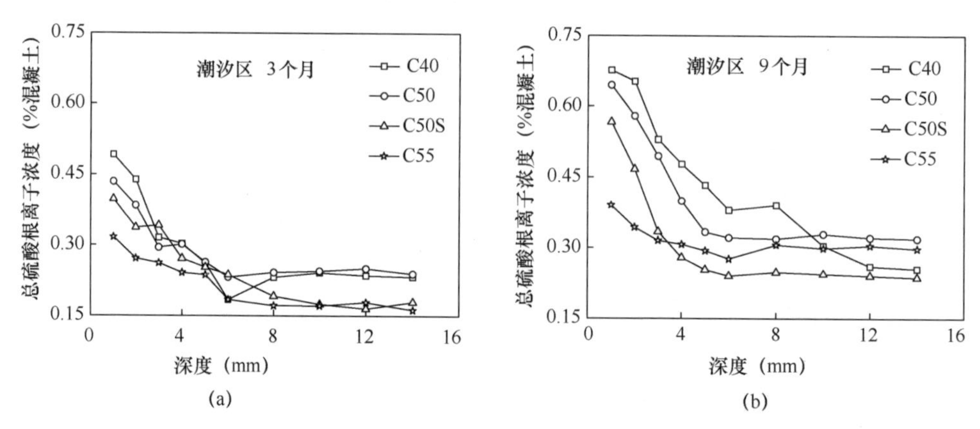

图4-5 海洋潮汐区各配比清水混凝土暴露3个月、9个月总硫酸根离子浓度分布

（a）3个月；（b）9个月

4.3.2 清水混凝土中硫酸根离子反应

潮汐区各配比清水混凝土反应硫酸根离子浓度与总硫酸根离子浓度的关系，如图4-6和图4-7所示。对图4-6和图4-7进行线性拟合，可得到各配比清水混凝土试件的硫酸根离子反应系数 K，如图4-8所示。从图中可以看出：在相同腐蚀龄期下，各配比清水混凝土试件硫酸根离子反应系数 K 大小关系为：C40 > C50 > C50S > C55，随着胶凝材料掺量增多，混凝土硫酸根离子反应系数减小，且反应系数随腐蚀龄期延长出现降低趋势。

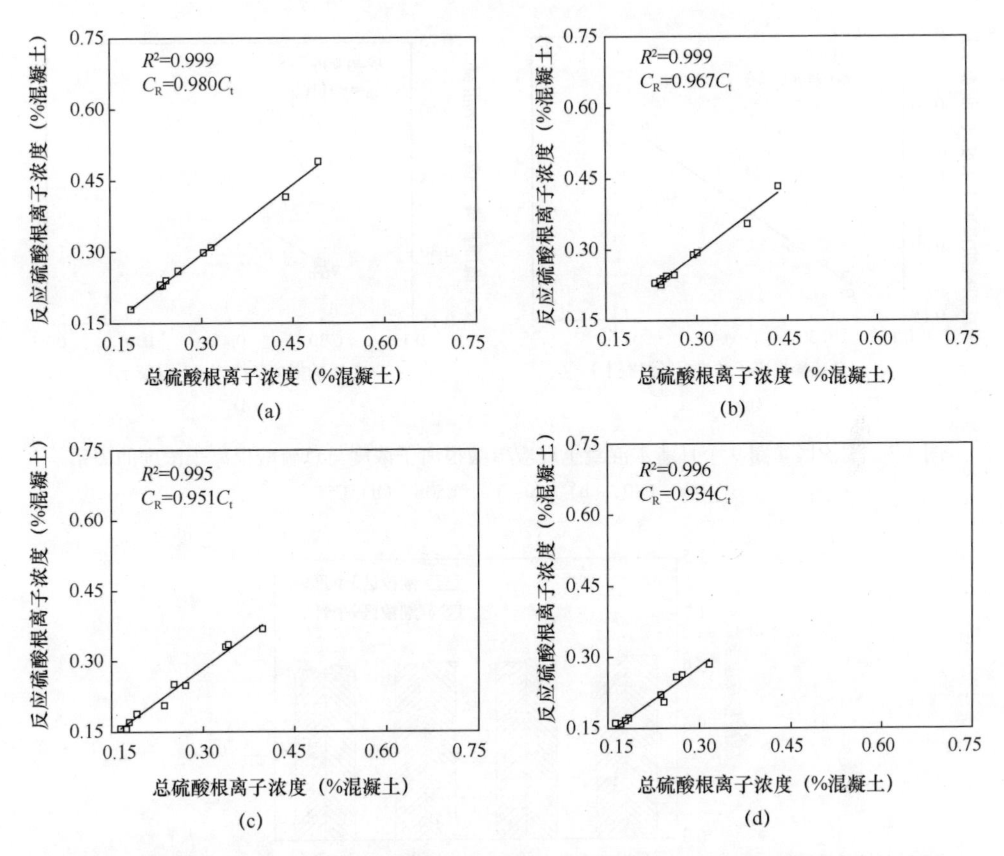

图 4-6　潮汐区暴露 3 个月清水混凝土反应硫酸根离子浓度与总硫酸根离子浓度的关系

(a) C40；(b) C50 ；(c) C50S；(d) C55

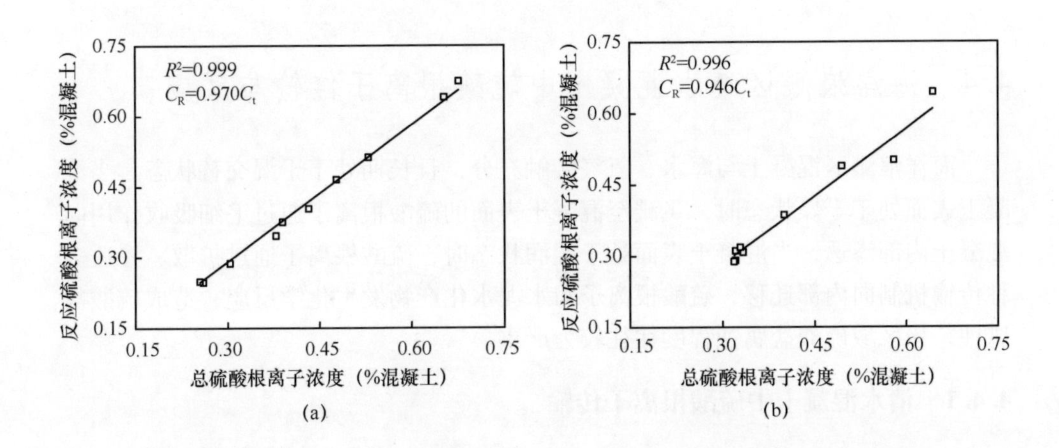

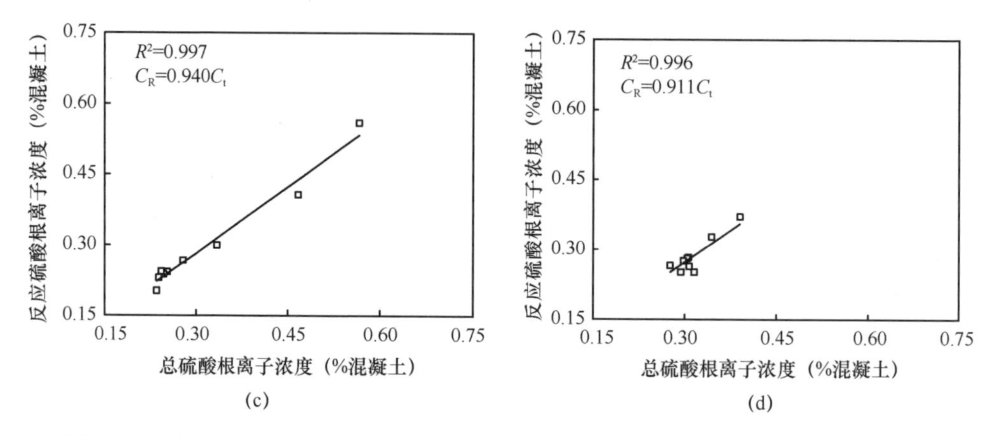

图4-7　潮汐区暴露9个月清水混凝土反应硫酸根离子浓度与总硫酸根离子浓度的关系

（a）C40；（b）C50；（c）C50S；（d）C55

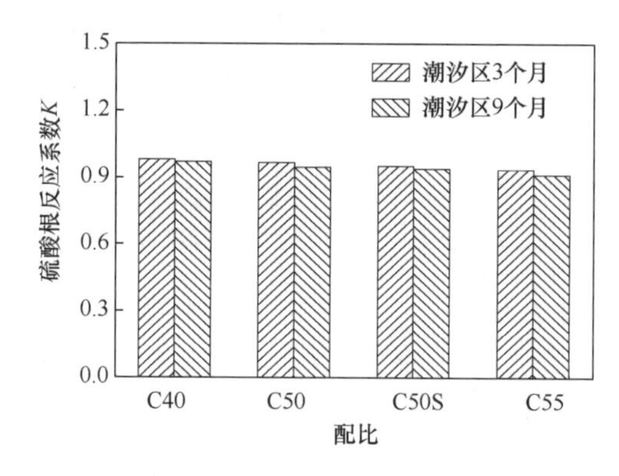

图4-8　潮汐区暴露3个月、9个月，各配比清水混凝土硫酸根离子反应系数K

4.4　海洋浪溅区清水混凝土中硫酸根离子传输与反应

海洋浪溅区混凝土与海水、氧气接触充分，且长期处于干湿交替状态。当混凝土表面处于干燥状态时，飞溅至混凝土表面的硫酸根离子通过毛细吸收作用向混凝土内部渗透，当混凝土表面处于湿润状态时，硫酸根离子通过扩散、渗透多种传输机制向内部迁移，硫酸根离子与水泥水化产物发生化学反应，造成硫酸盐腐蚀，该区域硫酸盐腐蚀程度往往较为严重。

4.4.1　清水混凝土中硫酸根离子传输

清水混凝土试件暴露于小麦岛海洋暴露站浪溅区腐蚀3个月、9个月，混凝土中的总硫酸根离子浓度分布如图4-9所示。从图中可以看出：（1）各配比混凝土最外层硫酸根离子浓度最高，且从外到内逐渐降低，暴露3个月、9个月的试件硫酸根离子浓度均出现不同程度的增大，在同一深度处总硫酸根离子浓度大小关系为：C40 > C50 > C50S > C55，这说明降低混凝土水胶比可显著提高混凝土抗硫酸盐腐蚀性能。(2) 三个腐蚀区域混凝土在同一深度处总硫酸根离子浓度大小关系为：浪溅区 > 潮汐区 > 大气区，这说明浪溅区混凝土更容易受到硫酸盐的侵入而腐蚀。

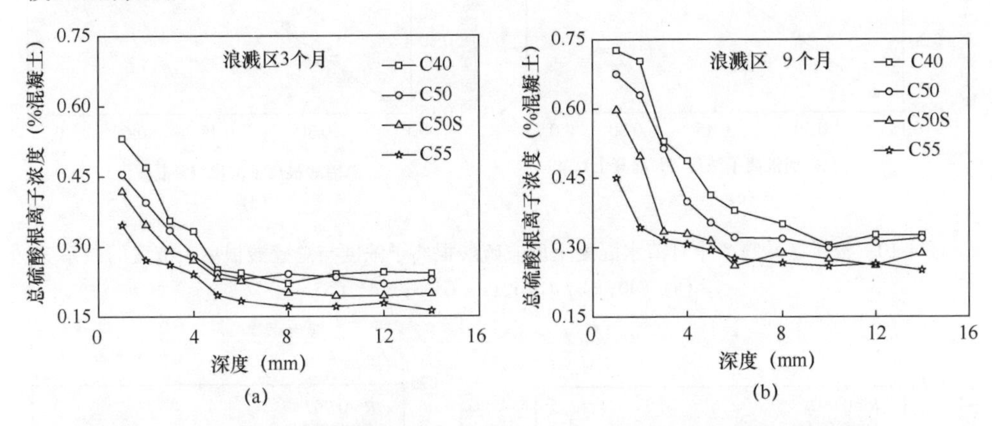

图 4-9　海洋浪溅区各配比清水混凝土暴露 3 个月、9 个月总硫酸根离子浓度分布

(a) 浪溅区暴露 3 个月总硫酸根离子浓度；(b) 浪溅区暴露 9 个月总硫酸根离子浓度

4.4.2　清水混凝土中硫酸根离子反应

浪溅区各配比清水混凝土反应硫酸根离子浓度与总硫酸根离子浓度的关系，如图 4-10 和图 4-11 所示。对图 4-10 和图 4-11 进行线性拟合，可得到各配比清水混凝土试件的硫酸根离子反应系数 K，如图 4-12 所示。从图 4-12 可以看出：在相同腐蚀龄期下，各配比清水混凝土试件硫酸根离子反应系数 K 大小关系为：C40 > C50 > C50S > C55，随着胶凝材料掺量的增多硫酸根离子反应系数减小，浪

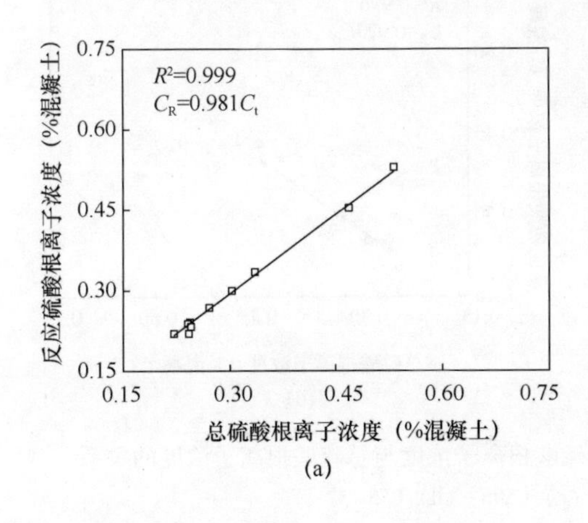

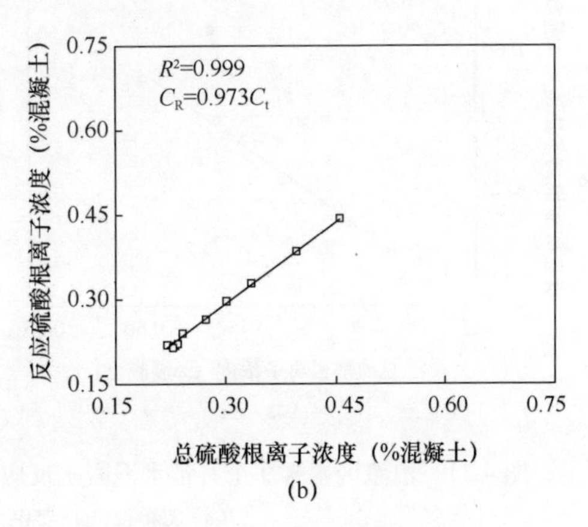

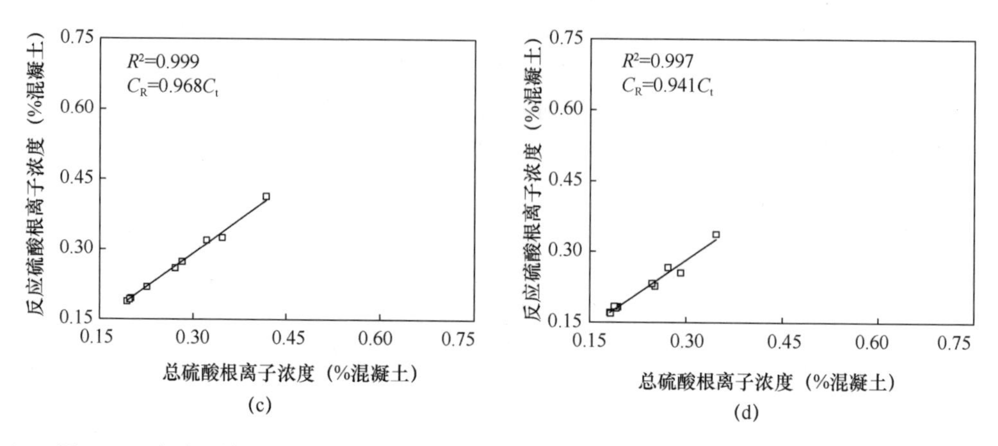

图 4-10　浪溅区暴露 3 个月清水混凝土反应硫酸根离子浓度与总硫酸根离子浓度的关系
（a）C40；（b）C50；（c）C50S；（d）C55

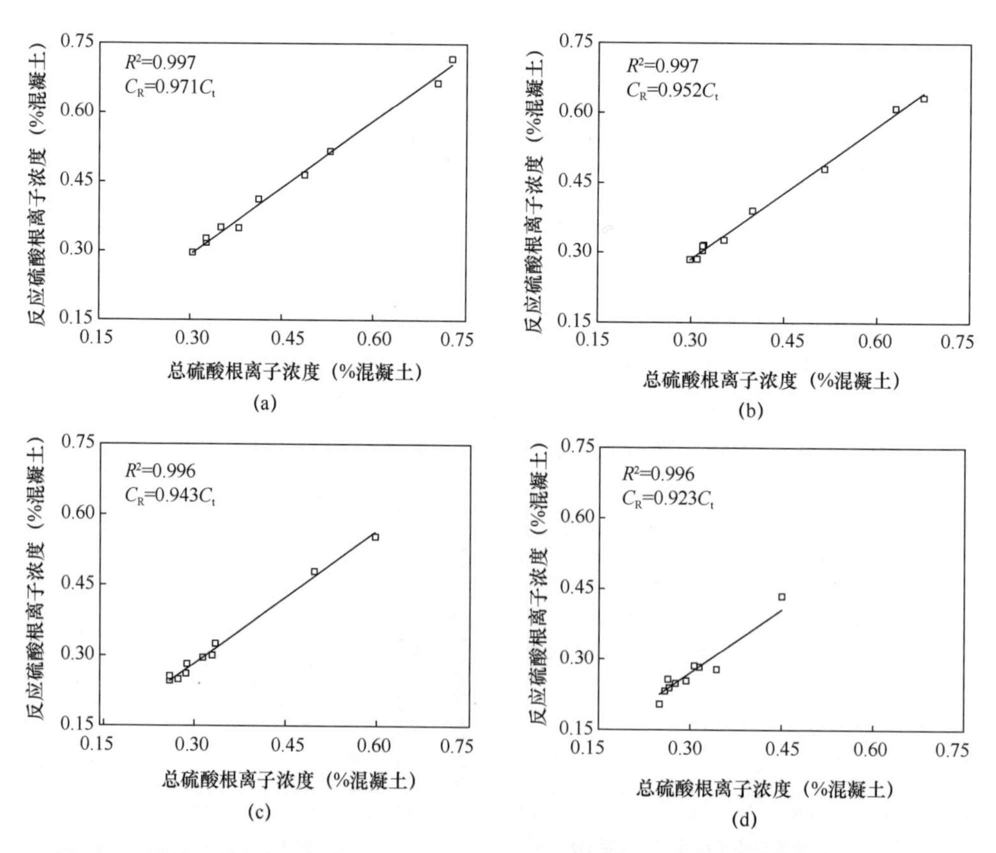

图 4-11　浪溅区暴露 9 个月清水混凝土反应硫酸根离子浓度与总硫酸根离子浓度的关系
（a）C40；（b）C50；（c）C50S；（d）C55

溅区各配比混凝土硫酸根离子反应系数 K 略大于潮汐区与大气区腐蚀混凝土，且反应系数随腐蚀龄期延长出现降低趋势。

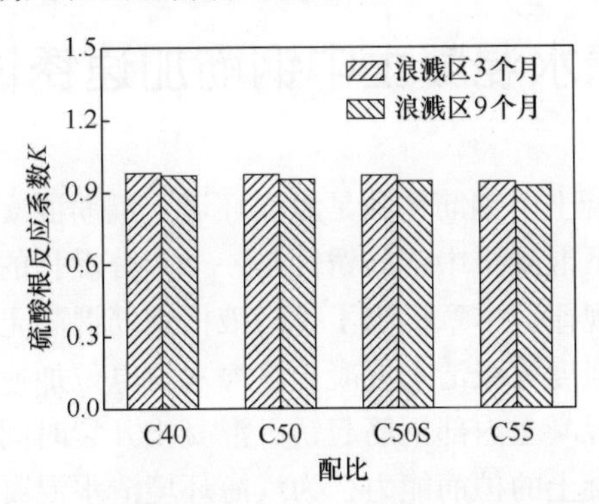

图4-12　浪溅区暴露3个月、9个月，各配比清水混凝土硫酸根离子反应系数 K

4.5　海洋环境下清水混凝土硫酸盐腐蚀分析

由前述试验结果可以发现：（1）随着腐蚀龄期的延长，各配比清水混凝土中总硫酸根离子浓度均增加，硫酸根离子反应系数降低。（2）在相同腐蚀龄期下，不同腐蚀区域硫酸根离子浓度与硫酸根离子反应系数大小排序为：浪溅区 > 潮汐区 > 大气区。（3）硫酸根离子侵入混凝土，会与水泥水化产物发生化学反应生成具有膨胀性的钙矾石与石膏，腐蚀严重将会导致混凝土开裂。三个腐蚀区域中浪溅区的混凝土受到硫酸盐腐蚀程度最为严重，其次为潮汐区，大气区的混凝土受腐蚀程度最轻。

第5章 清水混凝土中钢筋加速锈蚀试验研究

氯盐渗透诱导混凝土中钢筋锈蚀是海洋环境下钢筋混凝土腐蚀破坏的主要原因，但自然环境条件下混凝土中钢筋锈蚀是一个十分漫长的过程，难以短期内得到混凝土中钢筋锈蚀规律。本章提出了带溶液槽钢筋混凝土的恒电位加速锈蚀试验方法，研究了不同强度等级清水混凝土在海水恒电位加速腐蚀情况下的钢筋锈蚀行为，得到了清水混凝土内部钢筋起锈、混凝土开裂时间等参数，快速、定量评价了各配比清水混凝土的护筋能力，为滨海环境清水混凝土内部钢筋锈蚀性能快速评价提供依据。

5.1 试验方案

为保证海水从混凝土表面向内部侵入，又不会因为混凝土表面粘贴溶液槽而影响锈胀开裂，故直接在钢筋混凝土试件上成型溶液槽。加工如图5-1所示PVC板，底部PVC板放置在100mm×100mm×300mm的模具底部，端部PVC板放置在100mm×100mm×300 mm模具的两侧。将直径为10mm，长度为300mm的普通光圆钢筋经酸洗并打磨干净后，在其一侧端部绑扎铜导线，并将两端钢筋放置于端部PVC板预留的孔道内，将钢筋固定，钢筋的端头用环氧树脂密封，然后浇筑混凝土，混凝土保护层厚度为30mm，模具实物图如图5-1（c）所示。C40、C50、C50S、C55混凝土成型两天后脱模（混凝土配合比详见表2-15），脱模后的钢筋混凝土试件如图5-1（d）所示。表面清理后，将其移入标准养护室养护至28d。

恒电位加速试验：对钢筋混凝土试件恒电位加速腐蚀，通电电压为30V。选用海水作为腐蚀溶液，海水是强电解溶液[78]，其pH值为8.0～8.2，氯离子浓度为19.534g/kg，硫酸根离子浓度为2.712g/kg。钢筋连接直流电源的正极，不锈钢片放置于盛有海水的溶液槽内，连接直流电源的负极，不锈钢片与钢筋构成闭合回路的同时驱动氯离子向钢筋方向迁移，加速钢筋腐蚀。在通电过程中，记录电流变化，并每隔一定时间对钢筋混凝土试件进行电化学参数测试。电化学参数测试均在关闭电源1h后进行，以确保钢筋表面及钢筋/混凝土界面区的稳定性，并消除杂散电流对测试结果的影响。电化学测试采用Princeton VersaSTAT 4000系列电化学工作站三电极体系，钢筋作为工作电极，不锈钢板作为辅助电极，饱和甘汞电极SCE（饱和KCl）作为参比电极[79]。在电化学阻抗谱（EIS）测试中，施加正弦信号扰动幅值为10mV，扫描频率从0.1mHz到10mHz。钢筋

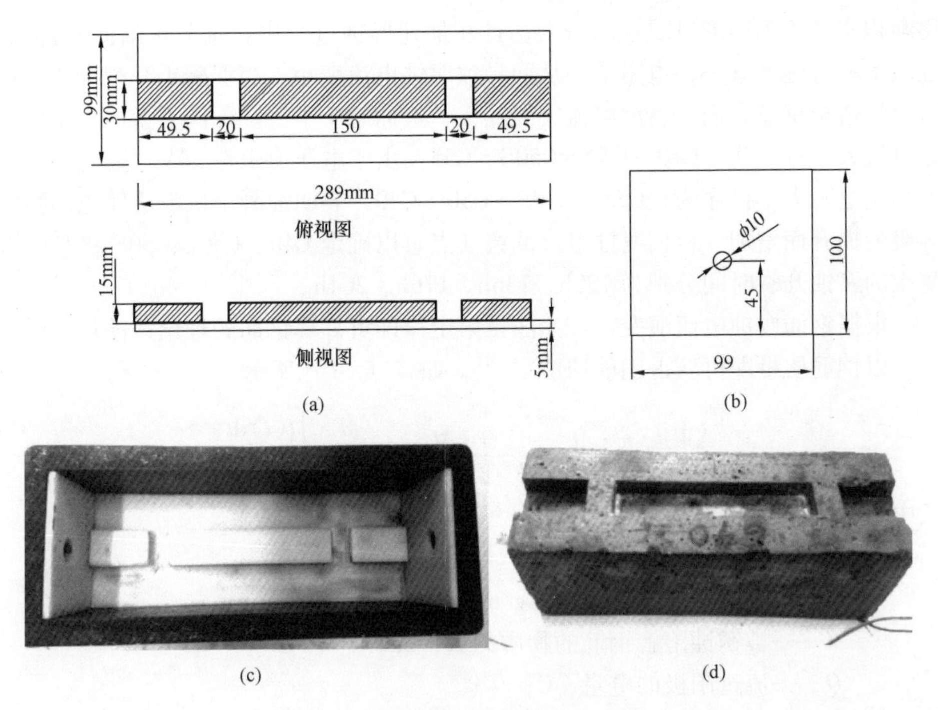

图 5-1　带溶液槽的钢筋混凝土试件

（a）底部 PVC 板；（b）端部 PVC 板；（c）模具实物图；（d）脱模后的钢筋混凝土试件

锈蚀后持续对混凝土试件通电，在此过程中用裂缝测宽仪定期测定裂缝的宽度，直至裂缝宽度达到 0. 2mm 时结束通电。恒电位电加速试验装置及电化学测试装置如图 5-2 所示。

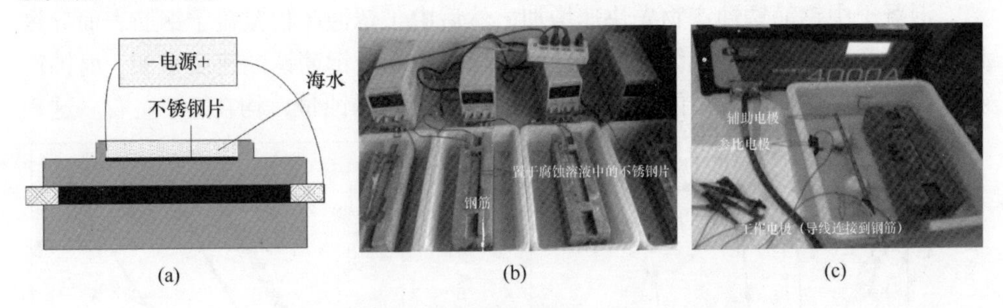

图 5-2　恒电位加速试验装置及电化学测试装置

（a）恒电位加速模型；（b）恒电位加速试验；（c）电化学测试装置

5. 2　钢筋腐蚀电流演变及钢筋锈蚀量计算

恒电位加速腐蚀过程中电流演变如图 5-3（a）所示。各配比混凝土的腐蚀电流演变规律一致：钢筋腐蚀电流先逐渐变小，这是随着锈蚀的进行，锈蚀产物逐渐积累导致钢筋的电阻逐渐增大；且在加速腐蚀过程中，水分逐渐向外排出，混凝土相对湿度减小，电阻增加从而导致腐蚀电流变小。当混凝土开裂导致腐蚀溶液渗透至钢筋表面，腐蚀电流突然变大，进而趋于平稳。不同类型混凝土的初始电流大小排序为：C40 > C50 > C50S > C55。由于电压恒定在 30V，因此混凝土的初始电阻大小排序为：C55 > C50S > C50 > C40。表明混凝土抗渗透性能随强度等级的提升而增加。根据腐蚀电流的突变点可以确定 C40、C50、C50S 和 C55 混凝土的腐蚀开裂时间分别为 120h、136h、176h、264h。

根据钢筋腐蚀电流演变，按照法拉第定律即可计算钢筋的理论锈蚀量，锈蚀量除以钢筋质量即可获得钢筋锈蚀率[80]，如式（5-1）所示。

$$\frac{\Delta W}{m} = \frac{n \cdot M}{m} = \frac{Q \cdot M}{F \cdot |z| \cdot m} = \frac{M \cdot \int I(t)\,\mathrm{d}t}{F \cdot |z| \cdot m}$$

式中 ΔW——钢筋的腐蚀量，g；

m——钢筋初始质量，g；

M——铁的摩尔质量，55.8g/mol；

n——被锈蚀溶解钢筋的物质的量，mol；

Q——流过阳极的电量，C；

$|z|$——金属离子价数的绝对值，铁为 2 价；

F——法拉第常数，96485C/mol；

I——流出钢筋的电流强度，A；

t——外加电流时间，s。

根据图 5-3（a）和式（5-1）计算得到钢筋锈蚀率，如图 5-3（b）所示。显然，混凝土中钢筋锈蚀产物先快速增加，然后由于锈蚀产物覆盖于钢筋表面导致钢筋锈蚀产物增加速度减缓，但贯穿性裂缝出现后，钢筋锈蚀速度增加、腐蚀产物量迅速增加。比较四个配比混凝土开裂时的钢筋锈蚀量，均在 3% 左右。这表

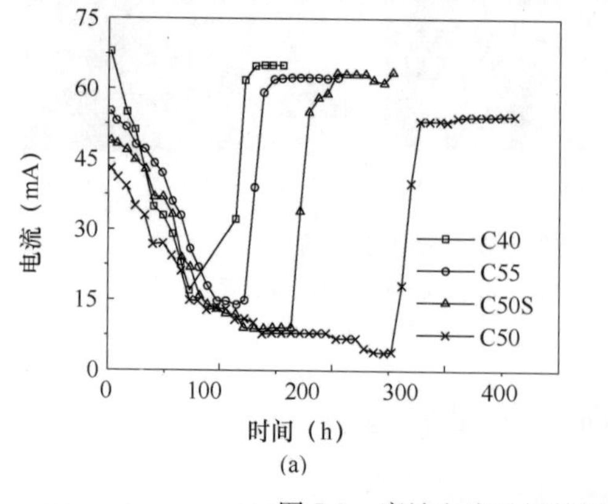

(a)

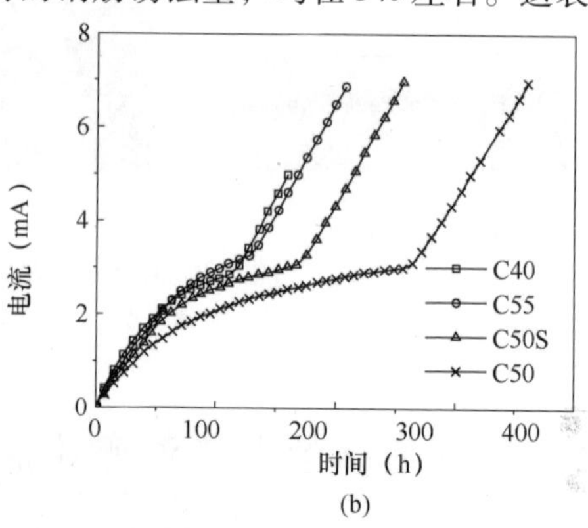

(b)

图 5-3 腐蚀电流及钢筋锈蚀率随通电时间的变化

（a）腐蚀电流演变；（b）计算钢筋锈蚀率演变

明，混凝土强度等级提升、渗透性降低，但其抗拉强度增加不大，所以其开裂时的锈蚀产物量变化不大。

综合分析钢筋初始电流、钢筋锈胀开裂时间及钢筋锈蚀率可知，混凝土护筋能力排序为：C55 > C50S > C50 > C40。

5.3　钢筋混凝土腐蚀过程中电化学阻抗谱

图 5-4 为不同通电时间各配比混凝土的 Nyquist 图。从图中可以看出：(1) 通电初始阶段，各配比混凝土的低频区容抗弧为一条上扬的曲线，容抗弧的半径较大，表明钢筋表面钝化膜的阻值与电容值非常大。(2) 随着通电时间的延长，低频区容抗弧拓扑结构慢慢发生变化，原本上扬的曲线逐渐收缩下压，容抗弧的半径越来越小，表明随着通电时间的延长，钢筋表面的钝化膜逐渐被破坏，进而钢筋出现锈蚀。

图 5-5 为不同通电时间各配比混凝土的波特图。从图中可以看出：(1) 随着

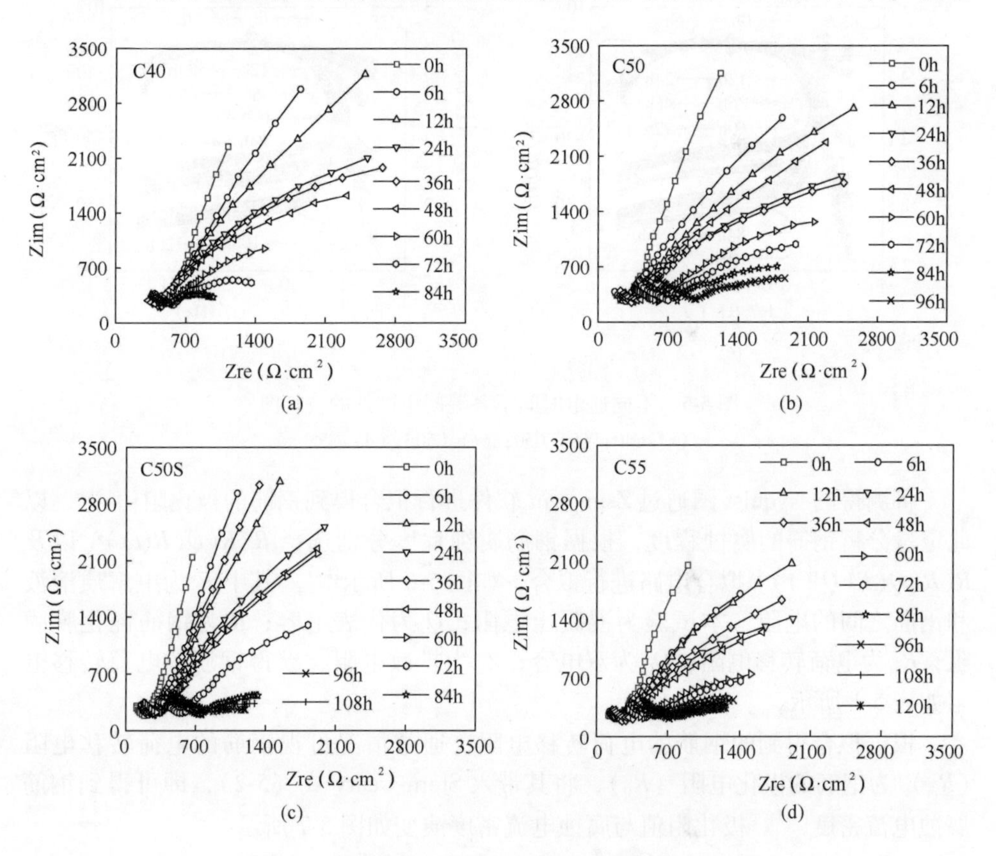

图 5-4　不同通电时间下各混凝土试件的 Nyquist 图

(a) C40；(b) C50；(c) C50S；(d) C55

通电时间的延长，各配比混凝土中钢筋的模值逐渐减小，表明随着恒电位加速试验的进行钢筋逐渐发生锈蚀。（2）在通电初始，各混凝土试件钢筋最大相位角在60°~70°之间，且均出现在低频区；随着通电时间延长，相位角逐渐减小，并向高频区收拢，这说明钢筋的耐蚀性能逐渐降低，腐蚀程度增加。

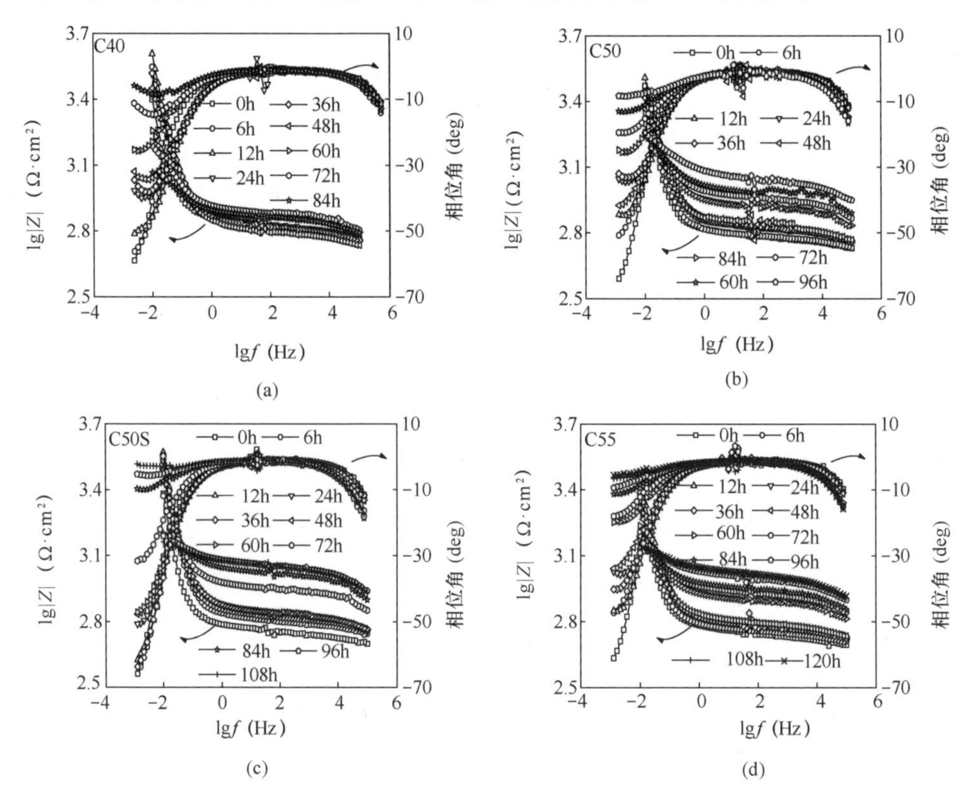

图 5-5　不同通电时间下各混凝土试件的波特图

（a）C40；（b）C50；（c）C50S；（d）C55

将测得的 Nyquist 图通过 Zsimpwin 软件进行拟合得到钢筋的极化阻值[81]，以此定量分析钢筋的腐蚀程度，根据钢筋腐蚀程度分别选择 $R(R(Q(RQ)))$ 以及 $R(R(Q(R(QW)))$ 拟合电路进行拟合，如图 5-6 所示[82]。其中 R_s 为电解质溶液和钢筋之间的电阻，本试验为混凝土电阻；Q_f 为代表电容；R_f 为钢筋钝化膜膜阻，R_{ct} 为电荷转移电阻；Q_{dl} 为双电容；Z_w 为扩散电阻，求得钢筋的电荷转移电阻如表 5-1 所示。

根据拟合得到的钢筋的电荷转移电阻，通常情况可视钢筋的电荷转移电阻（R_{ct}）为钢筋的极化电阻（R_P），将其带入 Stern-Geary 式（5-2），即可得到钢筋腐蚀电流密度[83]。极化阻值与腐蚀电流密度演变如图 5-7 所示。

$$i_{corr} = \frac{B}{R_p} \tag{5-2}$$

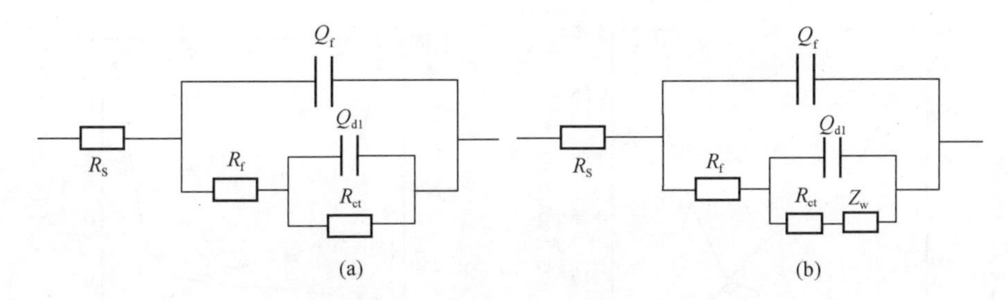

图 5-6　混凝土中钢筋腐蚀 EIS 拟合电路

(a) Model A；(b) Model B

式中，B 为塔菲尔斜率，当钢筋处于活化状态时 B 取 26mV；当钢筋处于钝化状态时 B 取 52mV[84]。

表 5-1　不同配比混凝土不同通电时间钢筋的电荷转移电阻 R_{ct}（$k\Omega \cdot cm^2$）

编号	R_{ct}											
	0h	6h	12h	24h	36h	48h	60h	72h	84h	96h	108h	120h
C40	1301	1044	913	640	529	442	292	96	50	—	—	—
C50	1522	1147	840	461	387	351	310	263	131	32	—	—
C50S	1820	1538	1205	993	953	865	753	594	149	127	45	—
C55	1719	1476	1322	702	646	597	501	430	356	238	125	44

通常，$i_{coor}<0.1\mu A/cm^2$ 时钢筋处于钝化状态；$0.1\leqslant i_{coor}<0.2\mu A/cm^2$ 时，钢筋处于钝化和极低腐蚀速率之间；$0.2\leqslant i_{coor}<0.5\mu A/cm^2$ 时钢筋处于低腐蚀速率状态；$0.5\leqslant i_{coor}<1\mu A/cm^2$ 时，钢筋处于中腐蚀速率状态；$1\mu A/cm^2\leqslant i_{coor}$ 时钢筋处于高腐蚀速率状态[85]。从图 5-7 可以看出，钢筋混凝土通电初始阶段，钢筋都处于钝化状态，腐蚀电流密度值均非常小。随着通电时间延长，腐蚀电流密度缓慢上升并显著增大。依据腐蚀电流的拐点，确定 C40、C50、C50S、C55 混凝土中钢筋脱钝时间分别为 60 ~ 70h，80 ~ 90h，90 ~ 100h，100 ~ 110h。

腐蚀电流密度达到 $0.2\mu A/cm^2$ 与 $0.5\mu A/cm^2$ 的先后顺序为 C40、C50、C50S、C55，这说明在此期间各配比试件中钢筋腐蚀速率大小关系为：C40 > C50 > C50S > C55，这与钢筋锈蚀诱导混凝土开裂时间的顺序一致。同时，钢筋锈蚀速率越快，结构开裂速度和承载力损失速度也越快，这会显著降低钢筋混凝土结构的耐久性能，当钢筋锈蚀发展到一定程度时，钢筋混凝土结构会彻底失效。

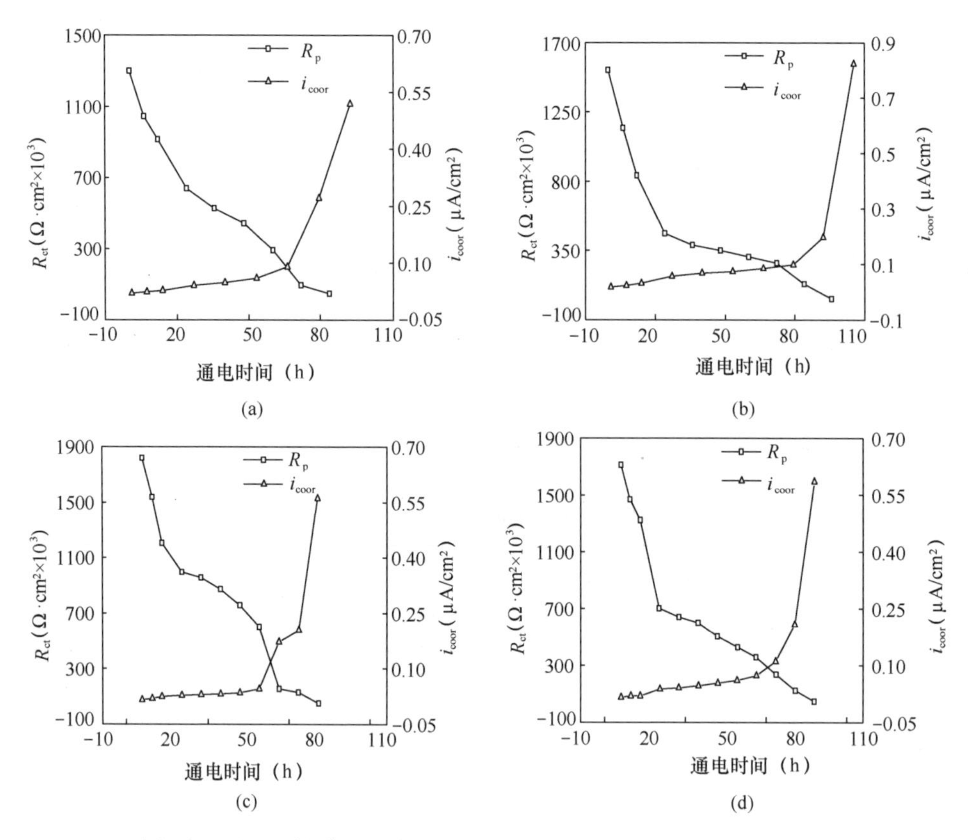

图 5-7　基于阻抗谱的钢筋混凝土腐蚀电流密度和电荷转移电阻演变

（a）C40；（b）C50；（c）C50S；（d）C55

5.4　钢筋混凝土锈胀裂缝演变

用裂缝测宽仪，对电加速过程中试件产生的裂缝进行持续测量，直到裂缝宽度达到 0.2mm 时终止测量。钢筋混凝土锈胀裂缝与通电时间的关系，如图 5-8 所示。对试验结果进行多项式拟合，拟合公式如式（5-3）~式（5-6）所示。

C40 ：$y = -0.00089x^2 + 0.24493x - 16.53343$，$R^2 = 0.998$；（5-3）

C50 ：$y = -0.00103x^2 + 0.31027x - 23.20393$，$R^2 = 0.999$；（5-4）

C50S：$y = -0.00058x^2 + 0.23166x - 22.79907$，$R^2 = 0.994$；（5-5）

C55 ：$y = -0.00001x^2 + 0.37467x - 57.30125$，$R^2 = 0.993$；（5-6）

其中，x 为通电时间，y 为裂缝宽度，R^2 为相关系数。

显然，钢筋混凝土锈胀裂缝开展速率随腐蚀时间增加而逐渐变小，且裂缝宽度与通电时间符合二次函数关系。这是因为当锈蚀产物产生的锈胀应力大于混凝土抗拉强度时，混凝土开裂，并产生贯穿裂缝；此后产生的锈蚀产物会沿裂缝溢

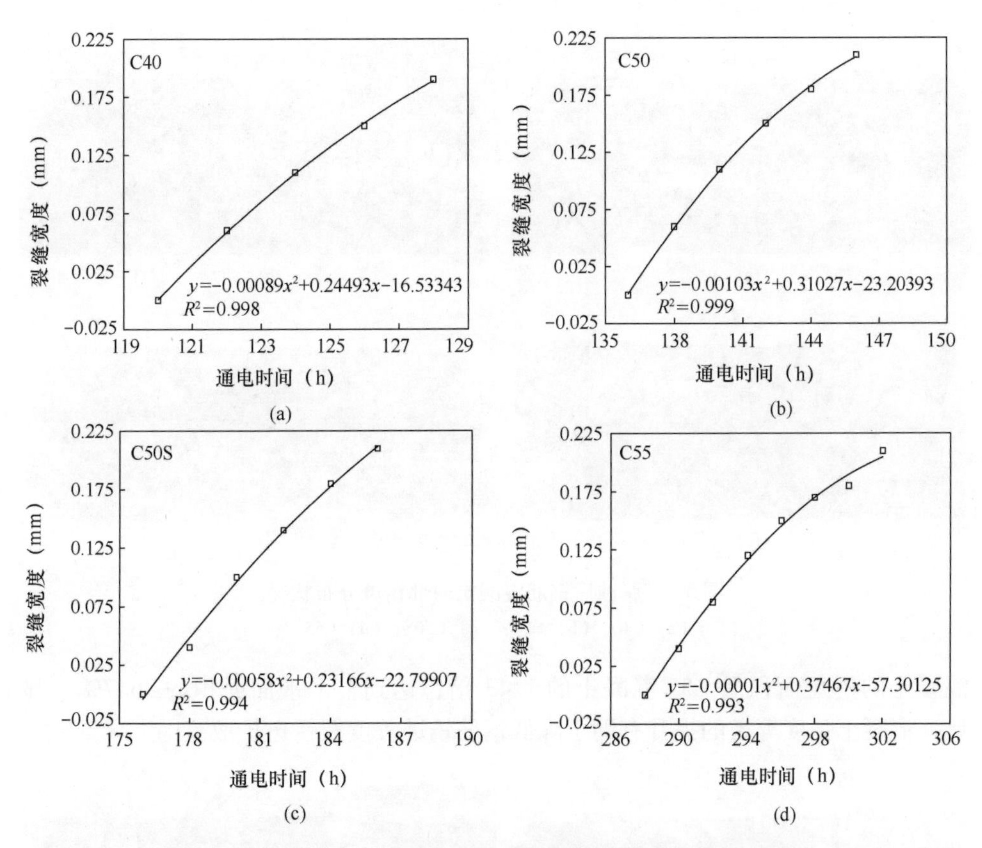

图5-8　不同配比清水混凝土锈胀裂缝宽度与通电时间的关系
（a）C40；（b）C50；（c）C50S；（d）C55

出，裂缝对锈胀应力产生疏导作用，裂缝开展会逐渐变慢。

5.5　混凝土中钢筋锈蚀形貌及锈斑面积分析

将通电结束后的钢筋混凝土试件从纵向沿钢筋劈裂，混凝土内部锈斑分布如图5-9所示。显然，混凝土中钢筋锈蚀主要发生在靠近腐蚀溶液的保护层一侧，钢筋锈蚀产物沿保护层向外迁移从而导致保护层一侧混凝土开裂。这与自然暴露环境下混凝土中钢筋锈蚀规律一致，表明本研究提出的带溶液槽钢筋混凝土海水恒电位加速腐蚀试验具有较好的科学性。

为定量分析钢筋锈蚀产物分布及钢筋锈蚀程度，用Image-Pro Plus图像分析软件对劈裂混凝土试件的锈斑进行捕捉并计算面积。该软件主要利用锈斑部分与未锈蚀部分灰度值不同来捕捉锈斑，并根据引入的测量标尺，计算出锈斑面积[86]。混凝土中锈斑捕捉分析如图5-10所示，钢筋混凝土锈斑面积如图5-11所示。C55混凝土的锈斑面积为7706mm^2，占100mm×300mm平面的25.6%；C40

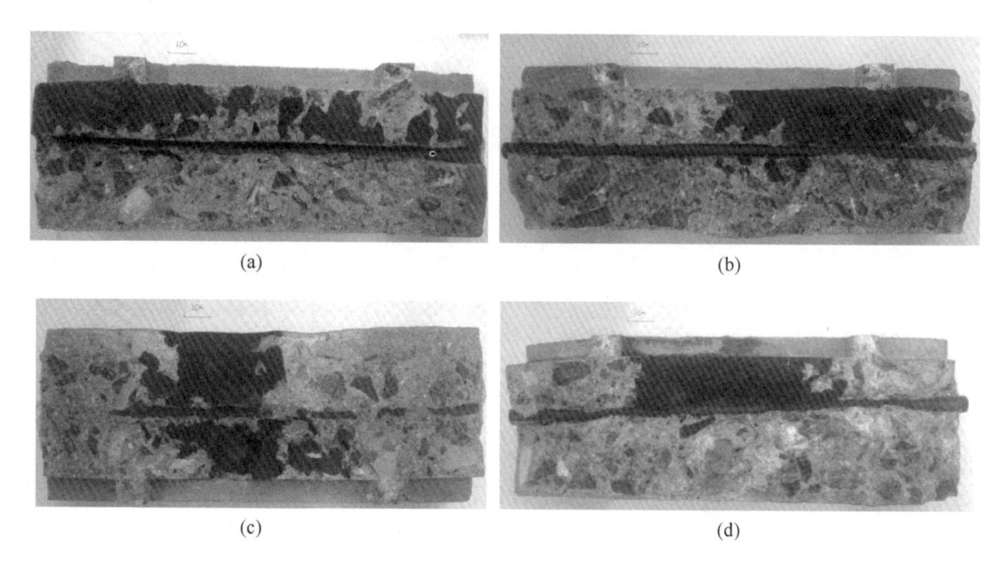

图 5-9　腐蚀后钢筋混凝土内部锈斑分布状况
（a）C40；（b）C50；（c）C50S；（d）C55

混凝土的锈斑面积是 C55 混凝土的 1.43 倍，达到整个平面面积的 36.7%。显然，混凝土强度等级的提升有助于降低钢筋锈蚀程度及锈斑扩散范围。

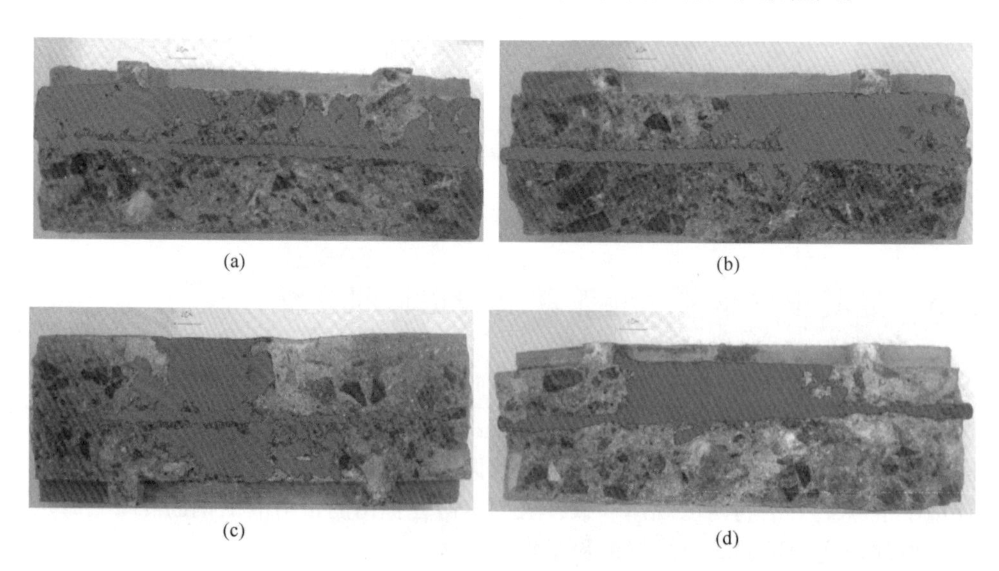

图 5-10　钢筋混凝土锈斑捕捉分析
（a）C40 试件；（b）C50 试件；（c）C50S 试件；（d）C55 试件

取出钢筋后观测，其锈蚀钢筋形貌如图 5-12 所示。可以看出，钢筋表面出现明显的点蚀现象，且靠近保护层一侧钢筋锈蚀严重，混凝土中的钢筋锈斑非均

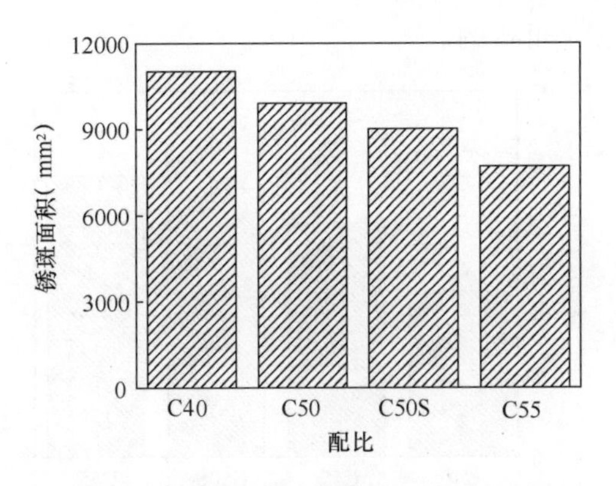

图 5-11　不同配比钢筋混凝土锈斑面积

匀分布。因此，恒电位加速腐蚀试验得到的钢筋锈蚀情况与钢筋自然腐蚀情况类似。

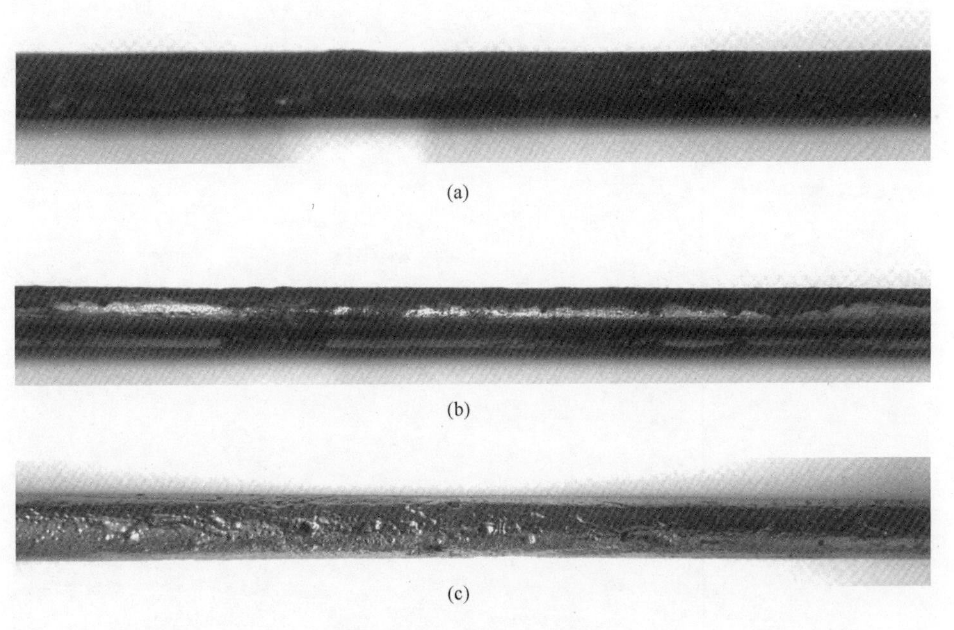

图 5-12　钢筋的锈蚀状况

（a）钢筋上表面（靠近保护层）；（b）钢筋下表面（远离保护层）；（c）酸洗后钢筋上表面形貌

将通电结束后的 C40、C50、C50S、C55 混凝土中钢筋进行酸洗、打磨干净，通过失重法计算钢筋的实际锈蚀率，如图 5-13 所示。可以看出，C40、C50、C50S、C55 混凝土中钢筋实际锈蚀率分别为 4.53%、6.41%、7.34%、7.71%，上文中按照法拉第定律计算得到的钢筋锈蚀率分别为 4.99%、6.88%、6.96%、6.95%，两者结果较为接近，表明恒电位加速钢筋锈蚀试验中按照法拉第定律计算钢筋锈蚀率的方法是可行的。

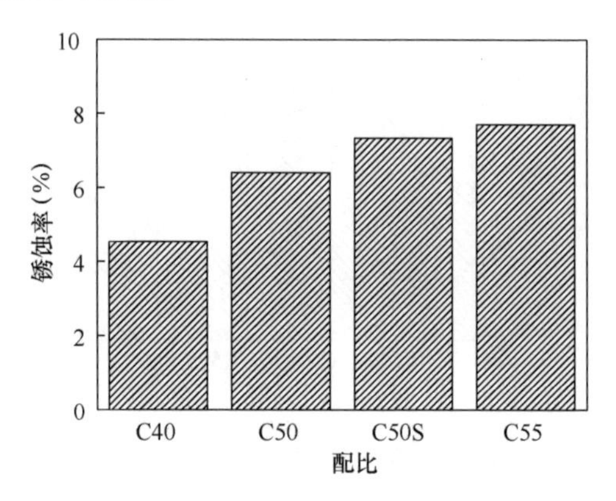

图 5-13　各配比混凝土中钢筋锈蚀率

第6章　腐蚀环境下清水混凝土饰面性能演变

作为一种装饰混凝土，清水混凝土除了满足力学性能和耐久性能要求外，还要满足服役环境条件下外观装饰效果的要求。本章提出利用图像灰度标准差物理量定量表征清水混凝土表面色差的新方法，系统研究了碳化、氯盐、硫酸盐等滨海腐蚀环境对清水混凝土表面形貌演化（色泽一致性）的影响。研究成果可为滨海环境清水混凝土外观质量评价与防护提供依据。

6.1　试验方案

试验采用SUPER-PLEX木模板制作尺寸为500mm×500mm×100mm的清水混凝土模具。所用脱模剂为清水混凝土专用脱模剂。在成型清水混凝土试件之前，先用脱模剂均匀擦拭木模具，擦拭完之后，用干净的抹布将多余的脱模剂擦除干净。将新拌制的混凝土分3次装填到木模具中，每次装入1/3分层振捣，直至加满。这样做的目的是使混凝土内部的气泡更容易排出，消除气泡对清水混凝土表面质量的影响。按上述流程分别制作C40、C50、C50S、C55配比的清水混凝土试件，成型2d后脱模，移入标准养护室养护至28d。试件成型过程如图6-1所示。

(a)

(b)

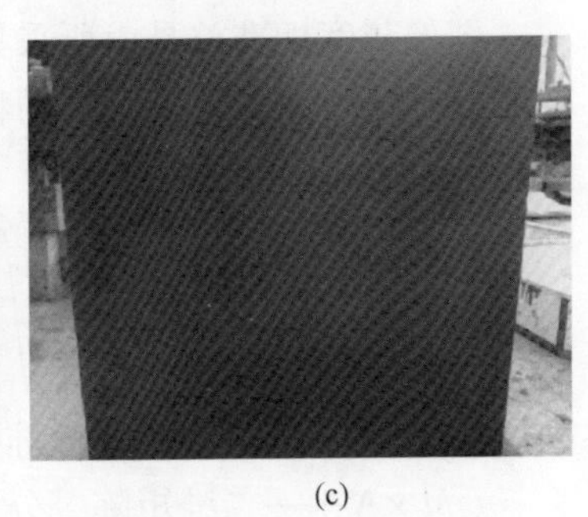
(c)

图6-1　试件成型

（a）模具；（b）试件成型；（c）脱模后试件

将养护至28d的500mm×500mm×100mm的清水混凝土试件用切割机从中间切割，每个配比得到3个250mm×250mm×100mm的混凝土试件，按照6.2节的方法对初始混凝土试件表面拍照，得到初始灰度标准差，然后将3个混凝土试件分别进行碳化、盐雾腐蚀、硫酸盐腐蚀试验。

碳化试验。参照《普通混凝土长期性能和耐久性能试验方法标准》（GB/T 50082—2009）进行，碳化龄期分别为14d、28d、56d。250mm×250mm×100mm混凝土试件的碳化试验与同批次成型的100mm×100mm×100mm混凝土试件同步进行。达到目标碳化龄期后，测试100mm×100mm×100mm混凝土试件的碳化深度，并对250mm×250mm×100mm混凝土试件表面拍照，计算其灰度标准差，在此基础上探究碳化是否会引起清水混凝土表面色差。

盐雾腐蚀试验。采用质量分数为5%的NaCl溶液对各配比混凝土进行盐雾腐蚀试验。盐雾腐蚀试验每天喷雾时间设定为12h。喷雾结束后，将混凝土试件从盐雾腐蚀试验箱中取出，放置于大气中干燥12h，然后再进行下一次的腐蚀试验，以此类推。腐蚀龄期分别为14d、28d、56d。每个腐蚀龄期结束后，结合各配比清水混凝土的毛细吸盐能力分析，探究盐雾腐蚀前后清水混凝土表面色差的变化情况。

硫酸盐腐蚀试验。试验过程详见第2.10节。

6.2 基于数字图像处理的清水混凝土表面色差定量评价方法

《清水混凝土应用技术规程》（JGJ 169—2009）中建议通过距离墙面5m处观察清水混凝土表面颜色，对表面色差进行评价，费时费力，且主观性强。针对上述问题，本研究基于数字图像处理技术，采用图像灰度标准差来定量表征清水混凝土表面色差，研究腐蚀环境对清水混凝土表面色泽一致性的影响。

图像灰度标准差是由所采集图像各像素点的灰度值与图像灰度等级均值计算而来，是反映图像色差大小的物理量，表征了目标数据集的离散程度，如式（6-1）所示。

$$Std = \sqrt{\frac{\sum_{i=1}^{M}\sum_{j=1}^{N}\left(Gray(i,j) - \overline{Gray}\right)^2}{M \times N}} \tag{6-1}$$

式中 Std——图像灰度标准差；

$M \times N$——二维矩阵，分别代表图像的总行数与总列数；

$Gray(i,j)$——采集图像各像素点的灰度等级；

$\overline{Gray}$——图像平均灰度等级。

为排除外界因素对灰度标准差的影响，将清水混凝土试件放在室内同一光源条件下拍照。拍照时，数码相机与清水混凝土试件表面距离均为1m。拍照之后，采用Image-Pro Plus软件对图像进行处理，计算得到相应图像的平均灰度等级与灰度标准差。然后，应用Image-Pro Plus软件中的Gray Scale 8灰度等级对相应图像进行灰度处理。图像灰度等级范围为[0，255]，Std理论范围为[0，

127.5]，*Std* 越小代表图像的色差越小，表明混凝土表面色泽越均匀[87]。

为验证 Image-Pro Plus 软件处理图像的准确性，按照上述方法，在不同时间段对同一清水混凝土试件相同区域取样 10 次，计算得到图像灰度标准差，如图 6-2 所示。从图中可以看出，*Std* 最大值为 13.34，最小值为 13.27，平均值为 13.31，标准差为 0.024，计算结果波动较小，表明该软件具有较高的准确性。

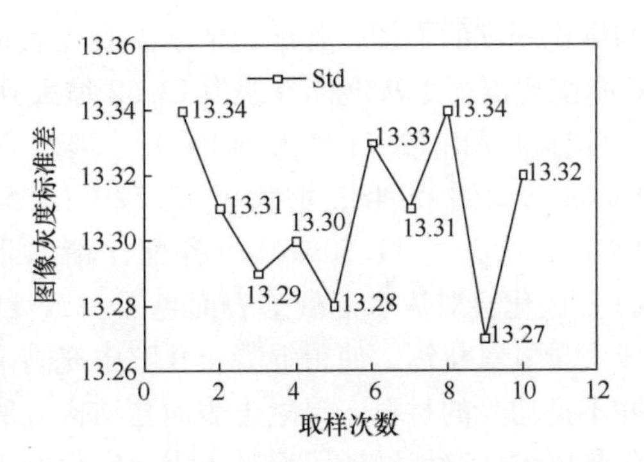

图 6-2　各取样次数图像灰度标准差

6.3　碳化环境下清水混凝土表面形貌演变

碳化 14d、28d、56d 后，各配比清水混凝土图像灰度曲线、图像灰度标准差、碳化深度如图 6-3、图 6-5 所示。由图 6-4 和图 6-5 可以看出，随着碳化龄期

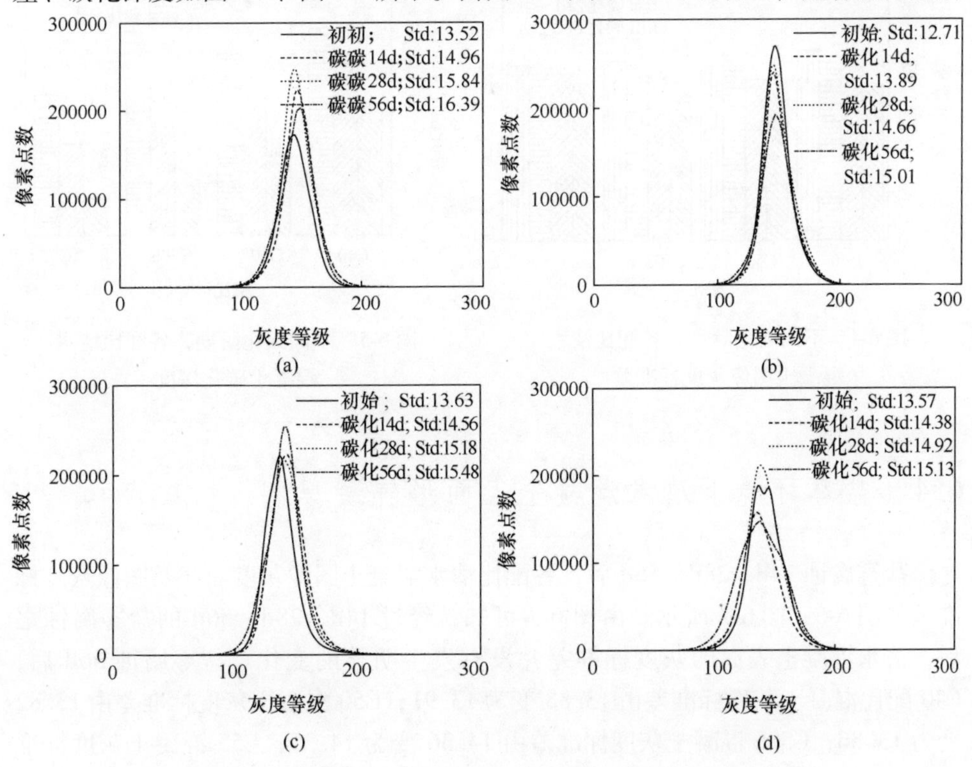

图 6-3　不同碳化龄期，各配比清水混凝土图像灰度曲线

（a）C40；（b）C50；（c）C50S；（d）C55

与碳化深度的增加，各配比清水混凝土表面图像灰度标准差增大。碳化56d后，C40配比混凝土灰度标准差由13.52增大到16.39，增大了21.23%；C50混凝土灰度标准差由12.71增大到15.01，增大了18.10%；C50S混凝土灰度标准差由13.63增大到15.48，增大了13.57%；C55混凝土灰度标准差由13.57增大到15.13，增大了11.50%。由各配比清水混凝土灰度标准差的变化可以看出：（1）碳化会对清水混凝土表面色泽一致性造成不利影响。水泥在水化过程中生成大量氢氧化钙，使得混凝土孔隙中充满了饱和氢氧化钙溶液，由于混凝土本身并不是均一的材料，混凝土表面孔结构有所不同。混凝土孔隙率与孔径越小，碳化越困难，这就导致了混凝土表面碳化的不均匀性。同时，碳化生成的白色碳酸钙晶体会堵塞混凝土表面孔隙，与周边混凝土产生色差，破坏清水混凝土表面的色泽一致性。（2）强度等级越低，清水混凝土表面图像灰度标准差变化越大。这是因为强度低的清水混凝土较强度高的清水混凝土表面及内部孔隙更大，混凝土越容易碳化。所以，在实际工程应用中，应充分考虑碳化对清水混凝土表面色泽的影响，采取有效措施，以确保清水混凝土表面色泽的一致性，达到美观的效果。

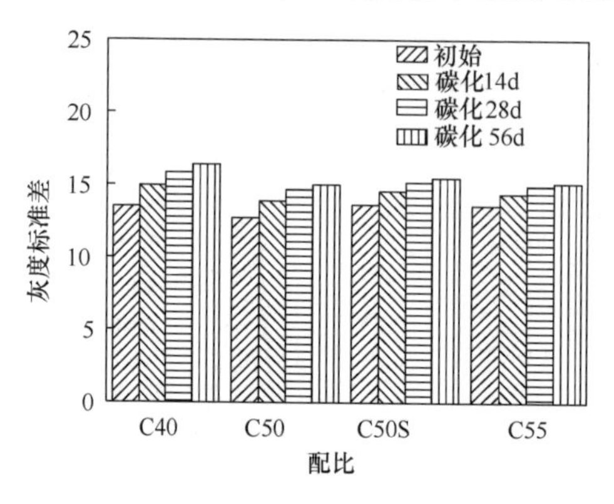

图6-4　不同碳化龄期，各配比清水混凝土图像灰度标准差

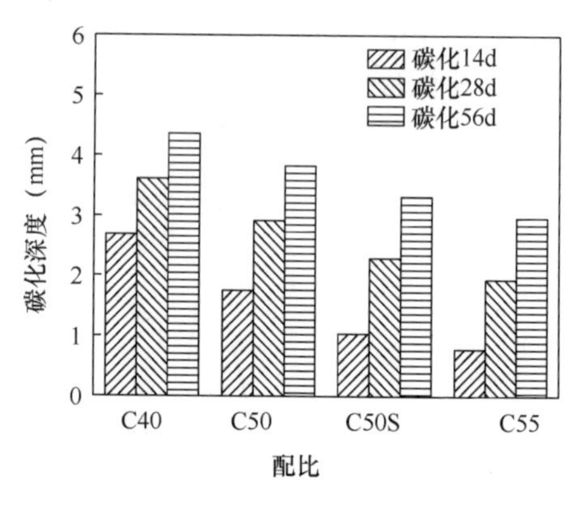

图6-5　不同碳化龄期，各配比清水混凝土碳化深度

6.4　盐雾环境下清水混凝土表面形貌演变

盐雾腐蚀14d、28d、56d后，各配比清水混凝土图像灰度曲线及图像灰度标准差如图6-6、图6-7所示。由图6-7可知，经过14d、28d、56d的盐雾腐蚀之后，清水混凝土表面的灰度标准差并没有发生明显的变化。盐雾腐蚀56d后，C40配比混凝土灰度标准差由13.88变为13.91；C50混凝土灰度标准差由13.82变为13.86；C50S混凝土灰度标准差由14.36变为14.35；C55混凝土灰度标准差由14.78变为14.75，这种微小的变化可认为是由试验误差引起，水胶比的大小与清水混凝土灰度标准差大小没有必然关系。结合图6-8可以发现，混凝土毛

细吸收系数与灰度标准差并没有明显的关系，无论是毛细吸收能力较强的 C40 混凝土还是毛细吸收能力相对较弱的 C55 混凝土，在经过 56d 盐雾腐蚀后，清水混凝土表面图像灰度标准差都没有发生明显变化，表明盐雾腐蚀并不会破坏清水混凝土表面的色泽一致性。

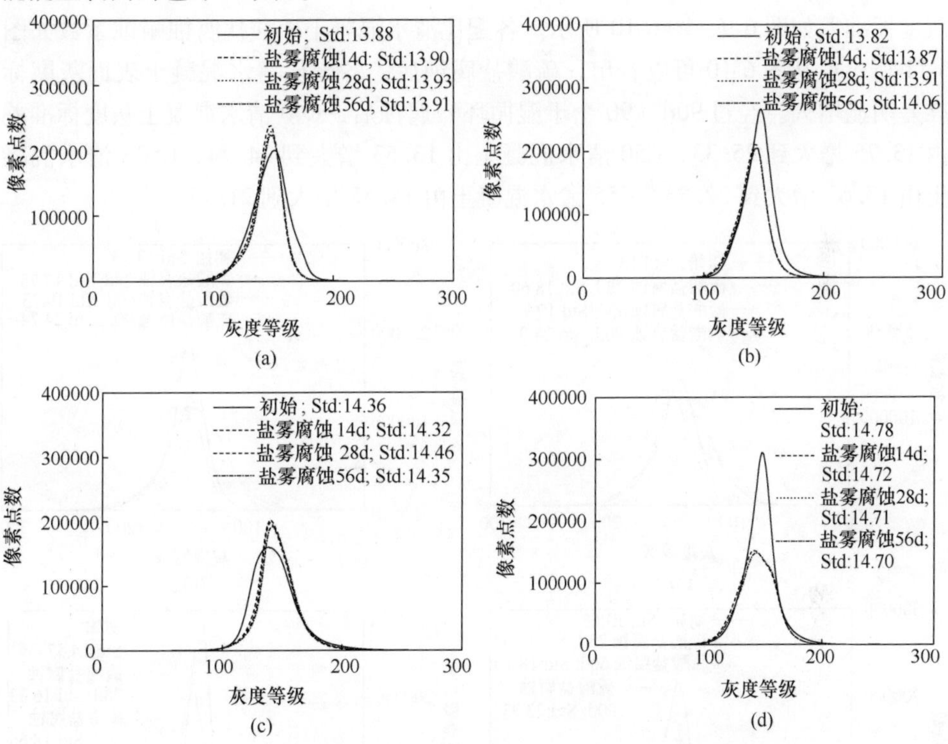

图 6-6　不同盐雾腐蚀龄期，各配比清水混凝土图像灰度曲线

(a) C40；(b) C50；(c) C50S；(d) C55

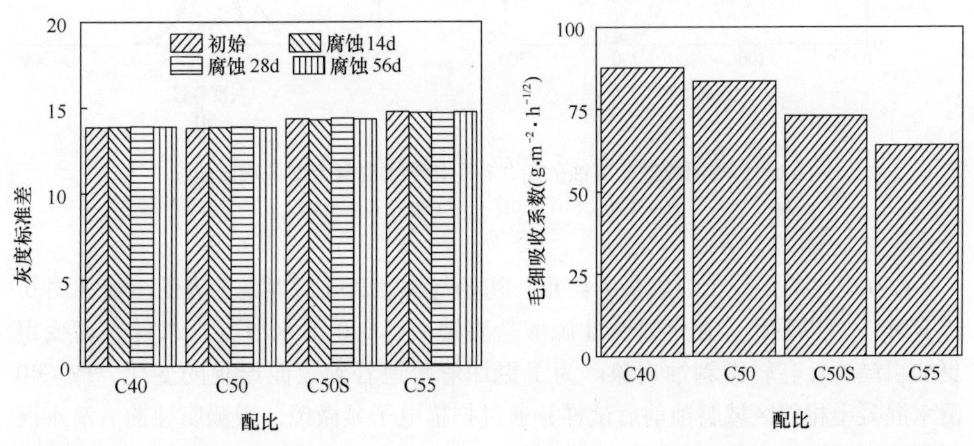

图 6-7　不同盐雾腐蚀龄期，各配比混凝土图像灰度标准差

图 6-8　各配比混凝土 28d 毛细吸收系数

6.5 硫酸盐腐蚀环境下清水混凝土表面形貌演变

硫酸盐干湿循环28d、60d、90d后，各配比清水混凝土图像灰度曲线及图像灰度标准差如图6-9，图6-10所示。各配比清水混凝土硫酸盐腐蚀耐蚀系数如图6-11所示。从图6-10可以看出，硫酸盐腐蚀后，各配比清水混凝土表面灰度标准差明显增大。经过90d（90个干湿循环）腐蚀后，C40清水混凝土灰度标准差由13.75增大到25.33，C50清水混凝土由13.53增大到24.74，C50S清水混凝土由13.63增大到22.33，C55清水混凝土由14.57增大到21.77。

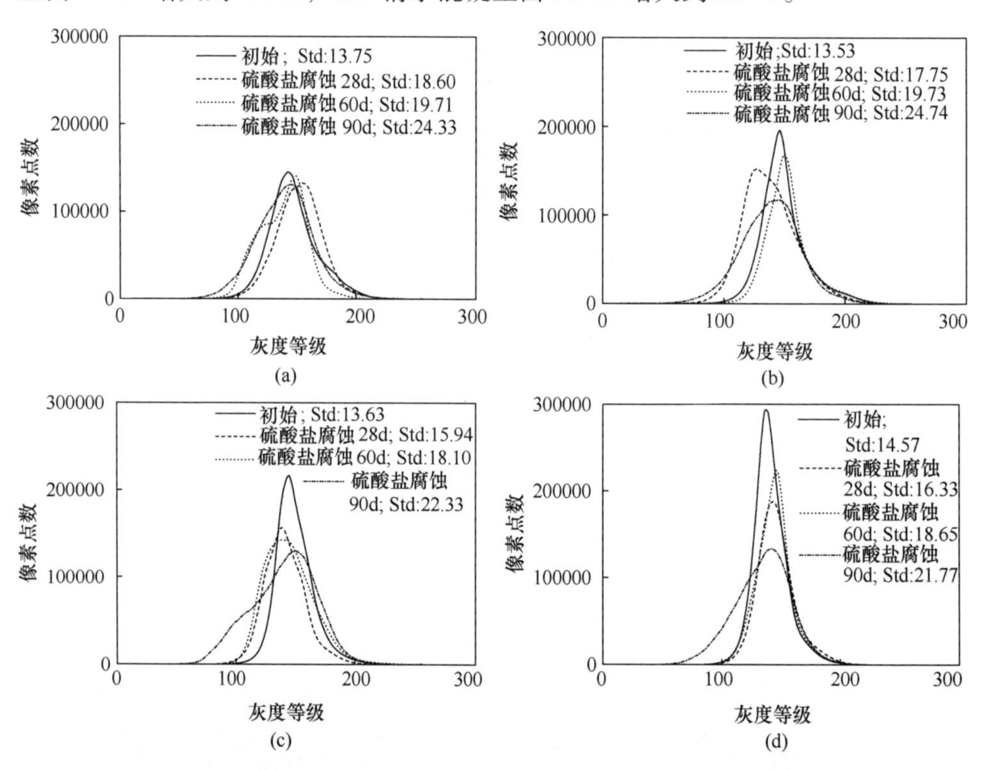

图6-9 不同硫酸盐腐蚀龄期，各配比清水混凝土图像灰度曲线

（a）C40；（b）C50；（c）C50S；（d）C55

C40配比的混凝土腐蚀最为严重，初始与腐蚀90d后混凝土表面图像如图6-12所示。可以看出，在经过90d硫酸盐腐蚀后，C40清水混凝土试件表面变得更加粗糙，且有轻微剥蚀现象。为了更加清楚地看到表面形貌的变化，取C40清水混凝土相邻区域腐蚀前后试样，通过扫描电子显微镜，观测腐蚀前后清水混凝土的表面微观形貌，如图6-13所示，可以看出，90d硫酸盐腐蚀后，C40清水混凝土表面形貌发生了明显变化。未腐蚀的C40清水混凝土表面致密平整，硫

酸盐腐蚀90d之后，C40清水混凝土表面变得更为粗糙，且有坑洞出现。表明硫酸盐腐蚀对清水混凝土表面产生了一定剥蚀。结合图6-11可以发现，虽然经过硫酸盐腐蚀之后各配比清水混凝土表面灰度标准差有较明显的变化，但其抗压强度耐蚀系数未有较大的损失。表明在经过90d硫酸盐腐蚀之后，仅清水混凝土表面层被轻微剥蚀而变粗糙，导致表面色差变大，但并未对清水混凝土的力学性能产生较大影响。

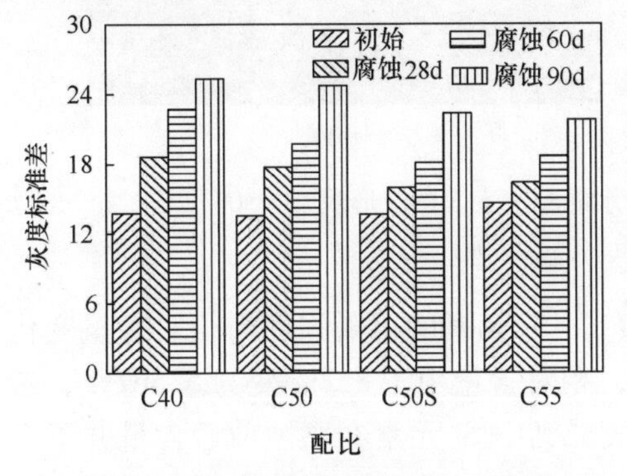

图6-10　不同硫酸盐腐蚀龄期，各配比清水混凝土图像灰度标准差

28d抗压强度耐蚀系数　60d抗压强度耐蚀系数　90d抗压强度耐蚀系数

混凝土硫酸盐腐蚀耐蚀系数

105 100 95 90 85 80

C40　C50　C50S　C55

配比

图6-11　各配比清水混凝土硫酸盐腐蚀耐蚀系数

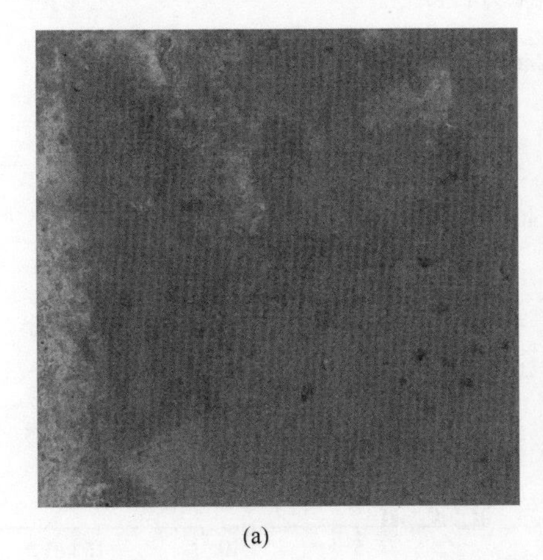

(a)

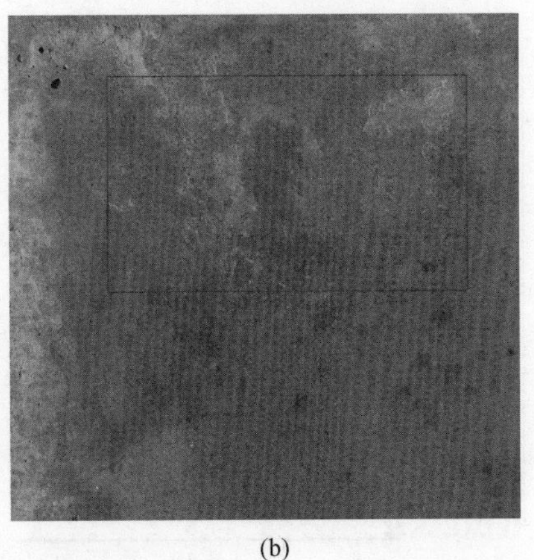

(b)

图6-12　硫酸盐腐蚀前后C40清水混凝土表面形貌

（a）未腐蚀；（b）腐蚀90d后

对腐蚀前后C40清水混凝土样品做EDS能谱分析，结果如图6-14所示。腐蚀前后样品中各元素的衍射强度与相对含量如表6-1所示。可以看出：（1）经过90次硫酸盐干湿循环之后，C40清水混凝土表面的Ca、Al、Si的衍射强度与相对含量均增大，其中Ca元素相对含量由32.685%变为33.852%，Al元素相对含量由0.653%变为1.270%。这主要是因为硫酸盐腐蚀生成了钙矾石与石膏，造

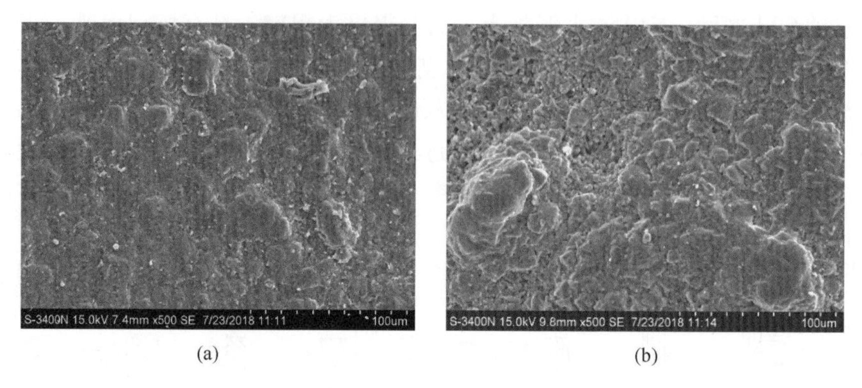

(a)　　(b)

图 6-13　硫酸盐腐蚀前后 C40 清水混凝土表面微观形貌（×500）

（a）未腐蚀；（b）腐蚀 90d

成 Ca 元素与 Al 元素相对含量的升高。（2）Si 元素的衍射强度与相对含量变化明显，其衍射强度由 44.88 变为 135.28，相对含量由 1.852% 变为 5.567%，考虑到扫描试样所用水泥中硅酸三钙与硅酸二钙中 Si 元素在腐蚀前后含量并不会有明显变化，而所用砂的主要成分为 SiO_2，在经过硫酸盐腐蚀之后，混凝土表面受到剥蚀，导致砂外露，从而造成扫描结果中 Si 元素强度与相对含量的增大，这也与图 6-12 中腐蚀前后混凝土表面形貌吻合。

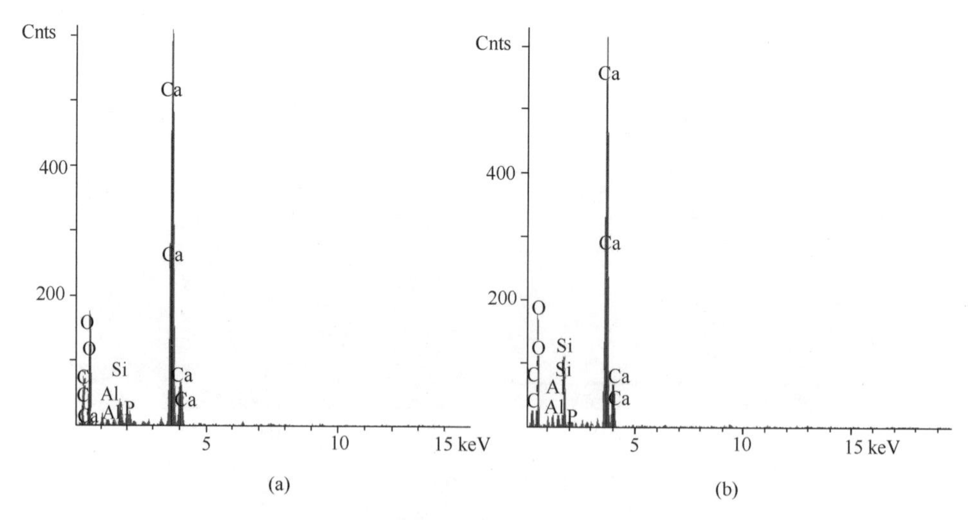

(a)　　(b)

图 6-14　硫酸盐腐蚀前后 C40 清水混凝土 EDS 图谱

（a）未腐蚀；（b）腐蚀 90d

表 6-1　硫酸盐腐蚀前后 C40 清水混凝土表面元素相对含量

元素		Ca	Al	Si	O	C	P
未腐蚀	强度	780.63	13.43	44.88	151.74	65.31	35.71
	含量(%)	32.685	0.653	1.852	50.971	12.426	1.440

续表

元素		Ca	Al	Si	O	C	P
腐蚀90d	强度	804.27	26.55	135.28	148.10	38.40	31.62
	含量(%)	33.852	1.270	5.567	48.934	9.044	1.333

对腐蚀前后C40清水混凝土样品粉末进行XRD试验，结果如图6-15所示（钙矾石的主要特征峰为9.1°、15.9°、19.2°，石膏的主要衍射峰为11.8°）。可以看出，硫酸盐腐蚀前后各配比清水混凝土钙矾石和石膏的峰值均有不同程度的升高，但是升高幅度不大。这是因为，硫酸盐腐蚀产物钙矾石和石膏随着清水混凝土表层的剥蚀而进入硫酸钠溶液当中，导致清水混凝土样品粉末中的钙矾石和

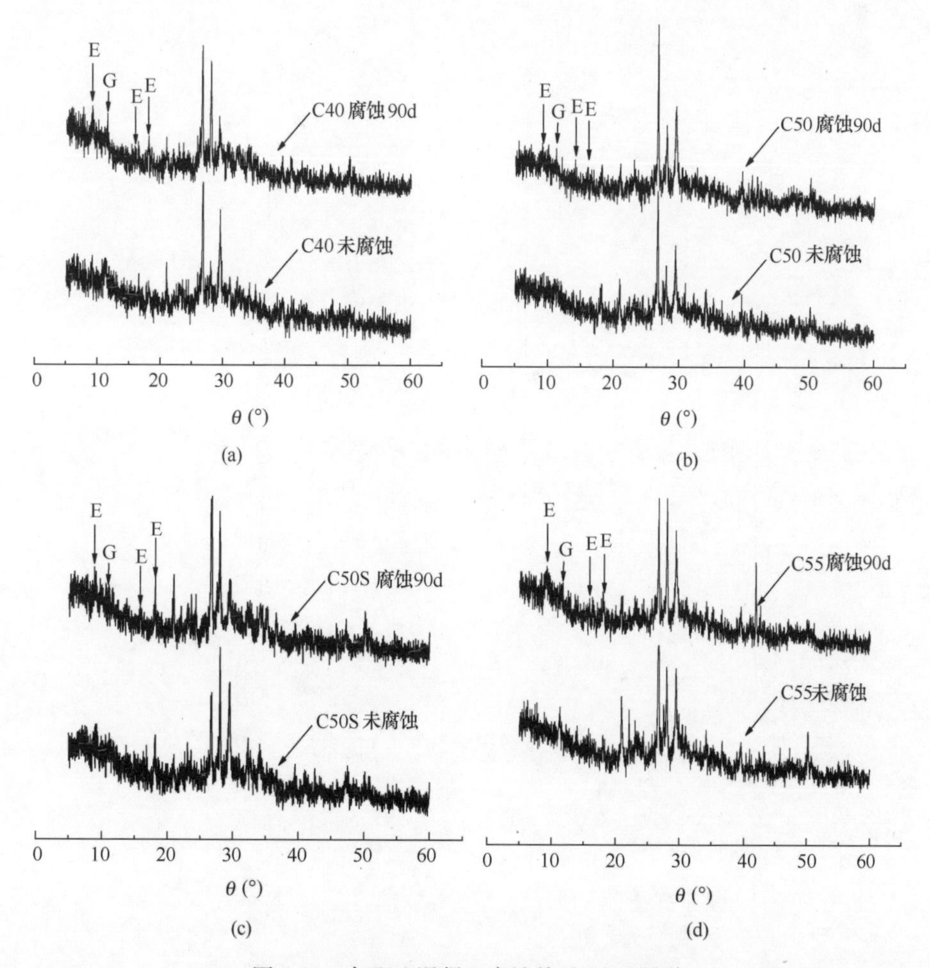

图6-15　各配比混凝土腐蚀前后XRD图谱

（a）C40混凝土腐蚀前后XRD图谱；（b）C50混凝土腐蚀前后XRD图谱；

（c）C50S混凝土腐蚀前后XRD图谱；（d）C55混凝土腐蚀前后XRD图谱

G=石膏，E=钙矾石

石膏量减小。

综上所述，硫酸盐腐蚀会对清水混凝土装饰性效果产生明显的影响。所以，在硫酸盐环境中使用清水混凝土时，应充分考虑硫酸盐侵蚀对清水混凝土表面色泽的影响，采取有效措施，以确保清水混凝土表面色泽的一致性，达到美观的效果。

第7章 清水混凝土在青岛地铁工程中的应用

本研究针对青岛地铁13号线服役环境，提出了清水混凝土技术指标。结合国内外清水混凝土工程实践经验，以及清水混凝土施工工艺参数优化试验和青岛地铁13号线地下车站结构特点，给出清水混凝土施工工艺。通过模型试验，验证了该施工工艺的合理性，并将研究成果成功应用于两河站和灵山卫站两个地下车站。施工后外观无明显气泡、色泽均匀、表面平整、棱角方正、线条通顺，满足清水混凝土的设计要求。

7.1 工程概况

青岛市红岛－胶南城际轨道交通工程（以下简称“13号线”）位于青岛市西海岸新区，总体呈东北－西南走向。线路起于开发区的嘉陵江路站，经由经济技术开发区、灵山湾影视文化产业区、新区中心区、古镇口军民融合创新示范区、董家口经济区，终于董家口火车站，全线线路正线全长70.06公里，设车站23座，其中地下站9座，高架站14座，设车辆基地1处、停车场2处。全线分为两期实施，其中一期工程起自井冈山路站，沿井冈山路、滨海大道、东岳路、大珠山路、飞宇路、滨海大道敷设，终点为大珠山站，正线全长28.8公里（其中地下段长15.9公里，高架线长12.7公里，敞口段0.2公里），全线设车站13座（其中地下站7座，高架站6座），设灵山卫停车场1处。二期工程正线全长41.14公里，分为两段；北段（地下段）起自嘉陵江路站，沿井冈山路敷设，终点为井冈山路站（不含），正线全长2.41公里，设地下车站2座；南段（高架段）起自滨海大道大珠山路站，沿规划路、滨海大道、贡北路敷设，终点为董家口火车站，正线全长38.73公里，设高架车站8座；设古镇口车辆基地及董家口停车场各1处。

钢筋混凝土作为地铁建设用量最大的建筑材料，是保障其100年服役寿命的根本，也是地铁工程建设经济性、安全性和美观性的决定性因素。为保障青岛地铁13号线的美观与耐久性，在地铁13号线大珠山站、琅琊台站、贡口湾站、董家口火车站四个高架车站，以及两河站和灵山卫站两个地下车站使用清水混凝土；并将成果向后续车站及其他地铁线路建设中推广应用。虽然清水混凝土在我国机场、桥梁工程中已得到示范性应用并取得了良好的效果，但在地铁工程领域应用并不多见，目前深圳地铁皇岗口岸站是国内首次在地下工程中采用饰面清水混凝土的，也是深圳地铁三期唯一作为清水混凝土试点的车站。但灵山卫站、两河站地下水存在腐蚀离子，对车站侧墙、顶板钢筋混凝土具有化学腐蚀作用和氯离子导致钢筋锈蚀风险。青岛地区1月份平均气温为-0.9℃，地铁高架站在冬季服役时将受到冻融破坏影响，并受临近海域的盐雾腐蚀作用。深圳地铁以及其他类似工程的经验难以为青岛地铁13号线所借鉴。因此必须对青岛地铁13号线主体结构服役环境进行分析，确定其环境作用等级，确定清水混凝土的耐久性指标，采取有效的施工措施，确保工程的美观性和安全运维。

7.2 灵山卫站服役环境分析与清水混凝土耐久性指标

7.2.1 氯离子环境

海雾频临是青岛市西海岸新区的特点之一，夏季是海雾盛行季节。以东南风产生海雾最多，累年平均雾日，即能见度小于1000m时，海雾出现日数为43.4d，多发生在4月~7月，雾盛行季节，有时可持续近10d。从4月份起雾日增多，6月雾日平均有10.6d；其次为7月，雾日平均是9.5d，4月~7月雾日平均有32d，占全年雾日的76.1%。8月~11月份雾日最少，平均只有0.1~0.4d，12月开始渐增。12月~2月雾日为4.3d，占年均值的9.7%。一年四季雾的日变化都具有一定规律性，本地区海雾一般都在傍晚发生，入夜浓度增高，至次日晨最浓，到中午日照强烈时逐渐消失，风大时消失得快。

据统计，西海岸新区沿海的浪向主要取决于风向，强浪向为SE、ESE向。由于北部有陆地阻挡，偏北向波浪全年较小，NE向浪主要为外海经鱼鸣嘴绕射后产生的浪，这个方向的波浪由冬季寒潮大风和台风过境形成。湾口湾内波浪不尽相同，鱼鸣嘴掩护后的海域波浪比湾外减弱许多。黄岛前湾属于胶州湾的外湾，该湾的强浪向为E向，最大浪高3.1m，次浪向为NNE向，最大浪高2.2m。常浪向为SE向，频率为21%；次浪向为NW向，频率为17%。沿海潮汐类型属正规半日潮，最高潮位2.87m，最低潮位-3.00m，平均高潮位1.42m，平均低潮位-1.35m，平均潮差2.78m，最大潮差4.61m。黄岛前湾的潮流，属于规则半日潮流，基本的运动形式为往复流，其旋转规律不甚明显，一般的潮流方向为反时针。潮汐类型指标值为0.4，属正规半日潮，平均海平面为2.42m，最高高潮位2.87m，平均高潮位1.37m；最低低潮位-3.13m，平均低潮位-1.41m，最大潮差4.75m，平均潮差2.78m，平均涨潮时间为5h39min，平均落潮时间为6h46min。

根据《灵山卫站岩土工程勘察报告》，灵山卫站地下水对混凝土结构具微腐蚀性；在长期浸水条件下，对钢筋混凝土结构中的钢筋具微腐蚀性，在干湿交替条件下，对钢筋混凝土结构中的钢筋具微腐蚀性。

此外，要确定灵山卫车站清水混凝土结构服役环境，还应考虑其所处的位置

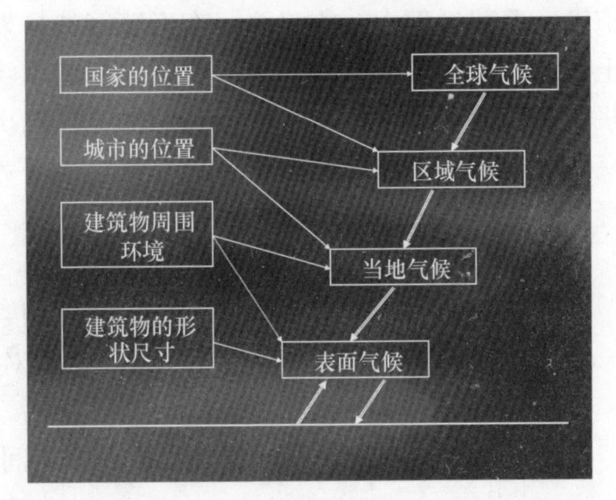

图7-1　环境条件与所在位置及气候的关系

及气候条件等，如图7-1所示。所处位置包括国家的位置、城市的位置、建筑（构筑）物周围环境、建筑物的形状尺寸等，气候包括全球气候、区域气候、当地气候、表面气候等。常见的氯离子环境有：海水，近海地下水，近海大气，撒除冰盐环境，含氯离子的工业废气、废水、废渣等。在氯离子侵入混凝土的过程中，氯离子的浓度与压力、混凝土表面的密实度与光洁度等都有影响。对于大气中氯离子，还与工程所处位置的具体地形、地貌、风向、风速等因素有关。

灵山卫车站南侧350m左右即为大面积海域。比较相关研究结果与规范，在划分近海大气环境区域时，大多数规范考虑大气中氯离子浓度随距离减小而增高。根据气象资料，该区域的风向主要是南向，从海面吹向陆地，尤其是夏季。并且在灵山卫站处有一条入海的河流，在高潮位或者大浪天气下，海水倒灌，缩短了灵山卫车站距海的实际距离，车站更容易受到海雾所携带的腐蚀离子的影响。

综上所述，灵山卫车站地下水易与海水相通，地下水中含有一定量的氯离子和硫酸根根离子，车站出入口距离海域较近，易受到海雾的影响。

7.2.2　冻融环境

青岛市西海岸新区年平均气温12.5℃；夏季平均气温23°；最热的7月份平均气温25℃；最冷的1月份平均气温1.3℃；年最低气温-10℃，年最高气温36℃，月最高平均气温29℃，月最低平均气温-8℃。极端最高气温38.9℃（2002年7月15日），极端最低气温-20.5℃（1957年1月22）。寒潮一般发生于11月~次年2月，平均每年发生4.9次，年均结冰日82d。虽然车站区间深埋地下、受环境温度影响较小，但车站及区间出入口附近混凝土的冻融破坏不容忽视。

7.2.3　干湿交替与碳化环境

干湿交替环境有多种，如海水中桥墩所处的浪溅区，很明显属干湿交替环境；混凝土构件一边接触水或土中水，另一边无水则是干湿交替环境。灵山卫车站二衬混凝土与喷射混凝土之间设有防水板，采取刚柔相济的防水措施。但施工、运营过程中，施工缝、变形缝等处易发生渗透，喷射混凝土与衬砌混凝土间的防水板容易粘接不牢或者破损引起水渗流。虽然二衬砌混凝土背后可注浆止水、设置排水等，考虑不利的情况，二次衬砌混凝土迎岩面应该属于干湿交替环境。通过前面的分析，该车站的地下水中含有一定量的 Cl^-，对钢筋混凝土有腐蚀性，这要求所采用的混凝土要具有足够的抗氯离子侵蚀性能。

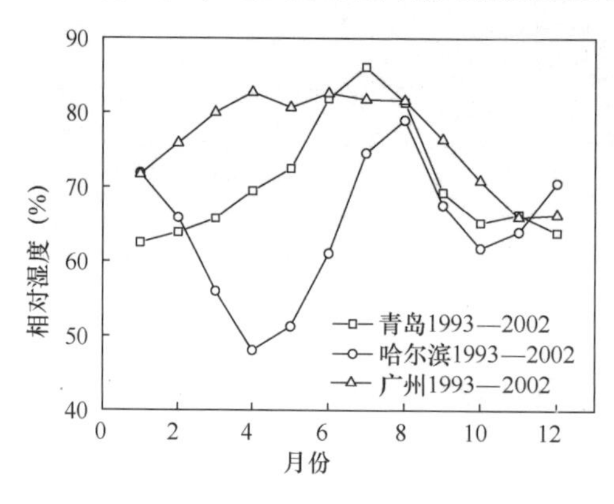

图 7-2　青岛等几城市月平均湿度变化

图 7-2 为青岛等几城市月平均湿度情况。可以看出，广州常年的相对湿度较高、变化幅度不大；哈尔滨湿度变化幅度大；青岛则介于其间，月平均相对湿度为 62% ~86%，这正是混凝土碳化发展最快的湿度区间。可见，对于地铁 13 号线的混凝土结构，应该考虑碳化导致其内部钢筋锈蚀的问题。

由于地铁中人流较大，即便在正常通车和排风条件下，地铁中的二氧化碳浓度仍然比外界环境中的二氧化碳浓度高。笔者测试了南京地铁 1 号线中的地上车站、普通地下车站以及地下换乘车站在不同人流情况下，不同时段的二氧化碳浓度。结果如下：

（1）地上车站（南京地铁 1 号线中华门站）

图 7-3 为中华门站人流较大和较小情况下的照片。图 7-4 为中华门站不同人流情况下，不同时段的二氧化碳浓度。从图 7-4 可以看出，地上车站二氧化碳浓度波动不大，与大气中的二氧化碳浓度差不多，测试当天阴天，所以二氧化碳浓度偏高（通常大气中的二氧化碳浓度约为 350×10^{-6}）。

图 7-3　地上换乘车站（中华门站）实景照片

(2) 普通地下车站（南京地铁 1 号线三山街站）

图 7-5 和图 7-6 为三山街站人流较大和较小情况下照片。图 7-7 为三山街站不同人流情况下，不同时段的二氧化碳浓度。从图 7-7 可以看出，普通地下车站乘车层比人流层二氧化碳浓度高，这是因为人流层的空间通常比乘车层空间大，而且与进出站口与外界相连，相对通风情况要比乘车层好。另外，车站内人多的时候普遍比人少的时候二氧化碳浓度高。与图 7-4 相比较可以看出，普通地下车站的二氧化碳浓度大约是大气中浓度的 1.5 ~2.5 倍。

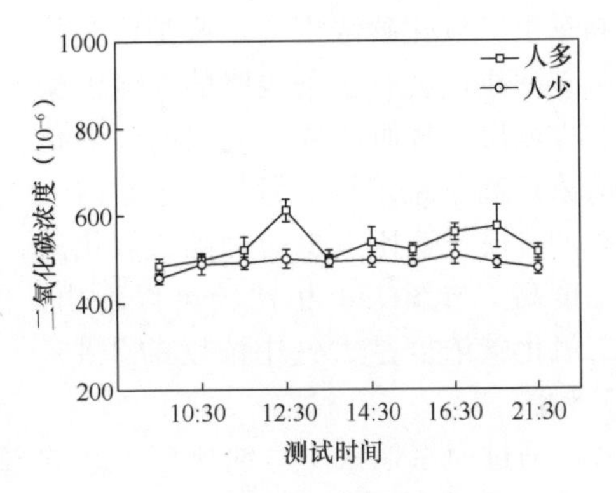

图 7-4　地上换乘车站（中华门站）不同时段二氧化碳浓度

图 7-5　普通地下车站（三山街站）人流层实景照片

图 7-6　普通地下车站（三山街站）乘车层实景照片

(3) 地下换乘车站（南京地铁 1 号线新街口站）

图 7-8 为新街口站人流较大和较小情况下照片。图 7-9 为新街口站不同人流情况下，不同时段的二氧化碳浓度。从图 7-9 可以看出，地下换乘车站人流层比

乘车层二氧化碳浓度高。这是因为换乘车站往往会有多条线路的人流汇聚在人流层，从而导致人流层的二氧化碳浓度高于乘车层。另外，车站内人多的时候普遍比人少的时候二氧化碳浓度高。与图 7-4 相比较可以看出，二氧化碳浓度是大气中浓度的 2.4 ~ 3.8 倍。

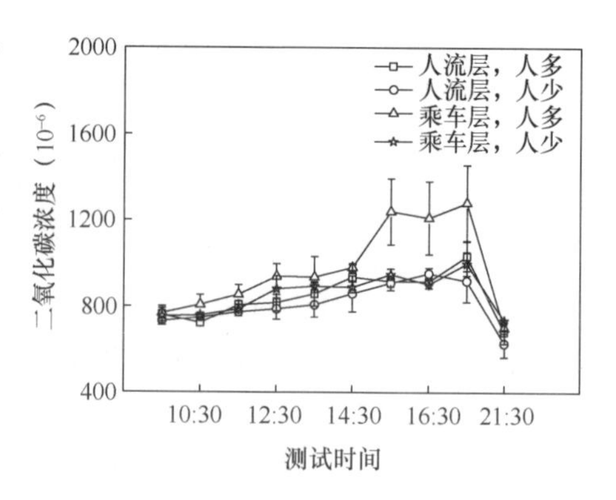

图 7-7　普通地下车站（三山街站）不同人流不同时段二氧化碳浓度

通过南京地铁 1 号线典型车站的实测结果可以看出，地下车站内的二氧化碳浓度大约是大气中二氧化碳浓度的 1.5 ~ 3.8 倍。另外，青岛市西海岸新区的常年环境相对湿度处于混凝土碳化发展最快的湿度区间。所以，碳化作用对灵山卫车站混凝土结构的影响不容忽视。

图 7-8　地下换乘车站（新街口站）实景照片

（a）人流层；（b）乘车层

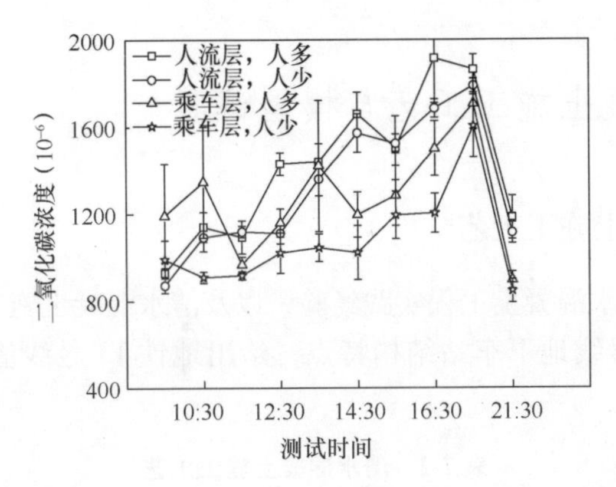

图7-9　地下换乘车站（新街口站）不同人流情况、不同时段二氧化碳浓度

7.2.4　其他环境条件

由于13号线穿过地下岩土，岩土及岩层的矿物成分与化学成分复杂，进而影响渗入的海水或地下水的组成。

此外，地铁车站衬砌混凝土一侧接触空气，另一侧接触（通过防水板与喷射混凝土接触）周围岩土及地下水，除受到前述的氯离子侵入、洞口附近的冻融作用、干湿交替作用、碳化作用外，还可能因地下水中含 Cl^-、SO_4^{2-}、Mg^{2+} 等离子，发生碱-骨料反应、硫酸盐腐蚀、镁盐腐蚀、软水腐蚀、生物腐蚀、高压渗水、积水、火灾、感应电流、高温、尾气等影响。

7.2.5　清水混凝土耐久性指标

地铁13号线主体结构的设计使用年限为100年，根据前述服役环境，两河站和灵山卫站侧墙迎空面主要受盐雾和碳化的影响，与海洋大气区腐蚀类似。侧墙迎岩面主要受腐蚀性地下水中氯离子、硫酸根离子腐蚀与干湿循环的影响，与海洋潮汐区腐蚀类似。混凝土柱主要受盐雾和碳化的影响，与海洋大气区腐蚀类似。钢筋混凝土梁和板主要受盐雾和碳化的影响，与海洋大气区腐蚀类似。结合地铁13号线结构形式，按照《混凝土结构耐久性设计标准》（GB/T 50476—2019）要求等，给出两河站和灵山卫站清水混凝土性能指标要求，如表7-1所示。

表7-1　清水混凝土主要性能指标要求

<table>
<tr><th>强度等级</th><th>使用部位</th><th>最大水胶比</th><th>胶凝材料用量（kg/m^3）</th><th>84d 氯离子扩散系数 D_{RCM}</th><th>原材料指标</th></tr>
<tr><td>C40</td><td>顶板、顶纵梁、侧墙</td><td>0.45</td><td>320～450</td><td rowspan="3">$\leq 7\times10^{-12}m^2/s$</td><td rowspan="3">氯离子含量≤0.1%；
三氧化硫含量≤4%；
碱含量≤$3kg/m^3$</td></tr>
<tr><td>C45</td><td>侧墙</td><td>0.4</td><td>340～450</td></tr>
<tr><td>C50</td><td>框架柱</td><td>0.36</td><td>360～470</td></tr>
</table>

7.3 清水混凝土施工工艺与模型试验

7.3.1 清水混凝土施工工艺

结合国内外清水混凝土工程实践经验，以及清水混凝土施工工艺参数优化试验和青岛地铁13号线地下车站结构特点，给出地铁13号线清水混凝土施工工艺，如表7-2所示。

表7-2 清水混凝土施工工艺

验证项目	关键验证点	细分
施工工艺	搅拌时间	150s
	坍落度	200～220mm
	出机后等待时间	不超过30min
	间隔时间	应连续浇筑
	下料方式	墙、柱和上翻梁设下料管
	下料高度	50cm
	分层厚度	50cm
	振捣棒的选择	普通和高频结合使用
	高频振捣棒振捣时间	25～35s
	高频振捣棒振捣间距	30cm
	振捣棒与模板距离	10～15cm
	顶部处理	二次振捣
	顶部养护	蓄水养护
	拆模时间	不低于2d
	养护方式	带膜土工布
	养护时间	14d
模板	模板种类	维萨板或钢模板
	止浆	海绵条加玻璃胶
脱模剂	脱模剂种类	ADD油性
	脱模剂涂刷方式	抹涂
	刷涂厚度	薄
装饰条	类型	可用木条
	止浆	板下涂玻璃胶止浆
	固定方式	自攻螺钉从模板背面钉入装饰条
保护剂	种类	氟系列

7.3.2　清水混凝土模型试验

为进一步验证清水混凝土的施工性能与饰面性能，青岛市西海岸轨道交通有限公司委托中交上海三航科学研究院有限公司开展了清水混凝土的模型试验。

（1）木模墙体模型

木模板模型长×宽×高＝1.22m×0.6m×2.44m，选用C45清水混凝土配合比。养护完成后采用保护剂进行保护。木模板采用进口维萨模板，模板切割后即刻刷上防水漆，防止切口吸水变形，模板的拼缝间也贴上2mm的海绵条或双面胶止浆，如图7-10、图7-11所示。模板采用双层板，普通模板作为衬板，如图7-12所示，进口模板作为面板，如图7-13所示。面板采用对拉螺杆进行对拉挤紧拼缝，使拼缝小于1mm。双层板用自攻螺纹钉从衬板钉入面板进行加固，如图7-14所示。待双层板加固完成后在顶面划线，钻取对拉螺孔，如图7-15所示。四个面板拼接和加固时，在底部、阳角和对拉孔处贴海绵条或双面胶浆条，并在缝处打上玻璃胶，如图7-16所示。加固后的模板效果如图7-17所示。

图7-10　模板切口刷防水漆

图7-11　模板拼缝间贴海绵条或双面胶

图7-12　普通模板作衬板

图7-13　维萨模板做面板

装饰条安装：装饰条为半圆形木条，立完模型后再安装木条，从模板背面钉入木条进行加固，木条与模板间预先打入玻璃胶止浆，如图7-18所示。

图 7-14　加固双层板

图 7-15　钻取对拉螺孔

图 7-16　模板止浆

图 7-17　加固后的模板

图 7-18　装饰条固定

施工工艺控制标记：在侧模板及模板顶面上用双面胶每隔 50cm 作分层厚度标记，每隔 30cm 或 40cm 作振捣间距标记，如图 7-19 所示。并在顶部设木条限制振捣棒，便于控制振捣棒与模板的距离，如图 7-20 所示。

（2）钢模圆柱模型

钢模圆柱模型直径 × 高 = ϕ2m × 2m，选用 C50 清水混凝土配合比。养护完成采用保护剂进行保护。钢模圆柱模型拼装采用两块半圆形不锈钢模板对拼而成，采用螺栓加固，如图 7-21 所示。钢模板底部、拼缝均采用玻璃胶从内部进行密封，如图 7-22 所示。

（3）脱模剂涂刷

在涂刷脱模剂之前，先清理掉模板面的污染物，然后涂刷 ADD 油性脱模剂，如图 7-23 所示。ADD 油性脱模剂的使用可有效防止钢模板生锈，避免拆模后清水混凝土表面出现锈迹或污迹。

图 7-19　模板贴分层及振捣标记图

图 7-20　顶面振捣棒与模板距离限位条

图 7-21　钢模加固

图 7-22　钢模止浆

（4）混凝土浇筑

模型试验前并取骨料测试含水率，根据砂石含水率和理论配合比，计算出施工配合比，根据施工配合比在室内进行试拌，掌握混凝土状态及基本性能。然后，再到搅拌楼根据每盘的状态对室内试拌的配合比进行微调。模型试验清水混

图 7-23　脱模剂涂刷

凝土出机性能如表 7-3 所示。可以看出，两种强度等级清水混凝土各项性能均满足模型浇筑要求。

表 7-3　模型试验清水混凝土出机性能

编号	坍落度（mm）	扩展度（mm）	倒流时间（s）	含气量（%）	强度（MPa）		
					3d	7d	28d
C45	200	430	12	1.8	33.4	42.1	50.7
C50	210	420	13	2.3	38.1	48.8	65.4

（5）混凝土养护

拆模后，采用带膜土工布和棘轮收紧器对模型进行养护，其中带膜土工布绒面向里，如图 7-24 所示。

（6）保护剂涂刷

待混凝土拆模，充分水化，颜色不再变化时，涂刷混凝土保护剂，涂刷工艺如下：基层无机修补材→硅烷系渗透性底漆→防水乳液→高耐候性氟面漆，如图 7-25 所示。

图 7-24　带膜土工布养护

图 7-25　试验墙保护剂涂刷

（7）混凝土外观

试验墙和试验柱外观如图7-26和图7-27所示。从图中可以看出：试验墙和试验柱的整体质量良好，线条轮廓分明，底部、阳角、对拉孔眼和拼缝位置均无漏浆现象，混凝土表面光滑、色泽均匀，达到清水混凝土标准。

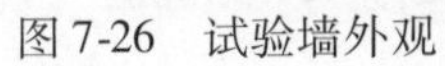

图7-26　试验墙外观

图7-27　试验柱外观

7.3.3　清水混凝土试验墙和试验柱芯样性能测试

（1）清水混凝土表面色泽一致性

采用6.2节中清水混凝土表面色差定量评价方法对拆模后7d、成型1个月、3个月后清水混凝土表面图像灰度标准差进行计算（试验墙和试验柱分别选取四个测区），结果如表7-4所示。从表中可以看出：试验墙和试验柱清水混凝土表面灰度标准差均在4.5左右，明显小于实验室清水混凝土试件。拆模1个月、3个月后，试验墙和试验柱清水混凝土表面图像灰度标准差与拆模7d时相比并没有发生明显变化。

表7-4　清水混凝土表面灰度标准差

	灰度标准差											
	拆模7d				1个月				3个月			
	1	2	3	4	1	2	3	4	1	2	3	4
墙	4.82	4.67	4.77	4.68	4.73	4.67	4.54	4.69	4.66	4.59	4.73	4.71
柱	4.35	4.33	4.27	4.28	4.26	4.31	4.27	4.26	4.24	4.20	4.16	4.22

（2）清水混凝土强度

清水混凝土试验墙和试验柱浇筑28d后，对其进行取芯（如图7-28），测试芯样的抗压强度。其中，试验墙清水混凝土芯样的抗压强度为55MPa、试验柱清水混凝土芯样的抗压强度为66MPa，均达到了抗压强度设计要求，且均大于表7-3中混凝土样品标准养护到相应龄期的抗压强度。这是因为，模型试验中混凝土内部的温度会高于混凝土标准养护室的温度，从而加速了混凝土的水化。

图7-28　试验墙取芯

（3）清水混凝土抗碳化性能

清水混凝土试验墙和试验柱浇筑28d后，对其进行取芯。然后，参照《普通混凝土长期性能和耐久性能试验方法标准》（GB/T 50082—2009）碳化试验方法，测试芯样在碳化试验箱中加速碳化56d的碳化深度，评估试验墙和试验柱清水混凝土的抗碳化性能。其中，试验墙芯样的碳化深度为4.3mm，试验柱芯样的碳化深度为3.6mm，远远小于保护层厚度，表现出优异的抗碳化性能。

（4）模型试验墙芯样抗氯离子渗透性能

清水混凝土试验墙和试验柱浇筑84d后，对其进行取芯。然后，参照《普通混凝土长期性能和耐久性能试验方法标准》（GB/T 50082—2009）快速氯离子迁移系数法，评估试验墙和试验柱清水混凝土的抗氯离子渗透性能。其中，试验墙芯样的氯离子扩散系数为$2.7\times10^{-12}m^2/s$，试验柱芯样的氯离子扩散系数为$1.9\times10^{-12}m^2/s$，具有优异的抗氯离子渗透性能。

7.4　地下车站清水混凝土性能评价

7.4.1　饰面性能

两河站和灵山卫站两个地下车站选用清水混凝土进行施工建造，施工过程中需要根据结构造型的不同对模板工艺和混凝土浇筑工艺进行适当的调整，以满足外观质量控制的需求。两河站和灵山卫站成品效果如图7-29、图7-30所示。从图中可以看出，两个站点的清水混凝土成品效果良好，外观无明显气泡、色泽均匀、表面平整、棱角方正、线条通顺，满足清水混凝土的设计要求，展示出混凝土最本质的美感，体现出“素面朝天”的工程品位。

图 7-29　两河站成品效果

图 7-30　灵山卫站成品效果

7.4.2　灵山卫站清水混凝土力学性能

为详细了解地铁 13 号线灵山卫站清水混凝土施工质量与力学性能，采用高强回弹仪无损测试了清水混凝土侧墙和框架柱强度波动情况，如图 7-31、图 7-32 所示；采用高频地质雷达无损测试了清水混凝土侧墙和框架柱的密实程度，如图 7-33 所示。

图 7-31　强度无损检测

图 7-32　保护层厚度无损检测

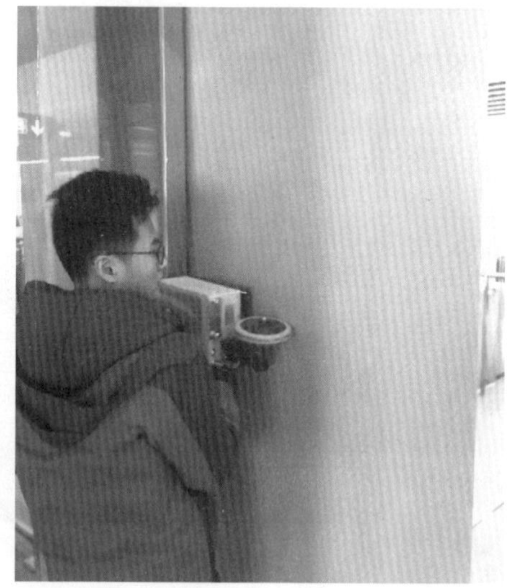

图 7-33　混凝土密实度、钢筋间距无损检测

灵山卫站人流层侧墙清水混凝土回弹值如图 7-34 所示。从图中可以看出，靠近 A 出口侧墙回弹值在 40 ~ 57 之间，回弹值均值线在 47. 8 附近；靠近 C 出口侧墙回弹值在 39 ~ 60 之间，回弹值均值线在 46. 4 附近。灵山卫站人流层框架柱 1 ~ 框架柱 5，0. 5 ~ 2m 高度范围内的回弹值如图 7-35 所示，回弹值在 46 ~ 59 之间，回弹值均值线在 50. 8 附近。混凝土的换算抗压强度满足结构强度

设计要求，且有较大的富余。这主要归因于大掺量矿物掺合料后期的二次火山灰反应。

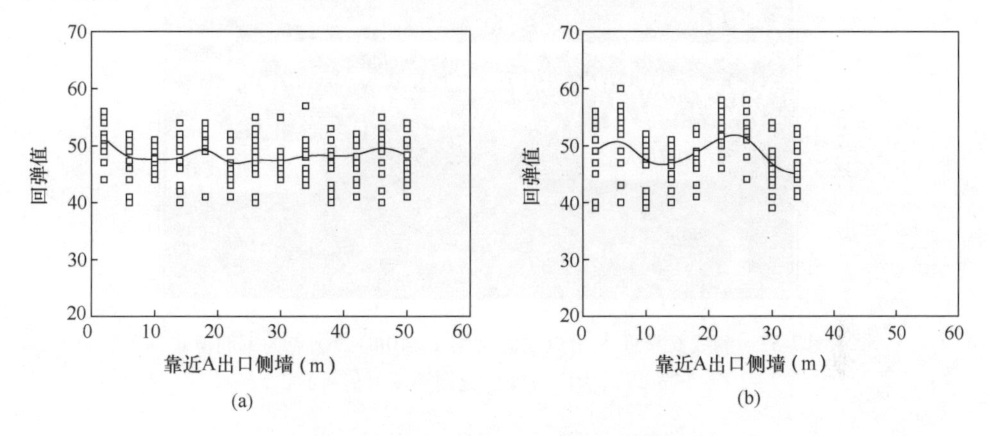

图 7-34　灵山卫站人流层侧墙回弹值

（a）靠近 A 出口侧墙；（b）靠近 C 出口侧墙

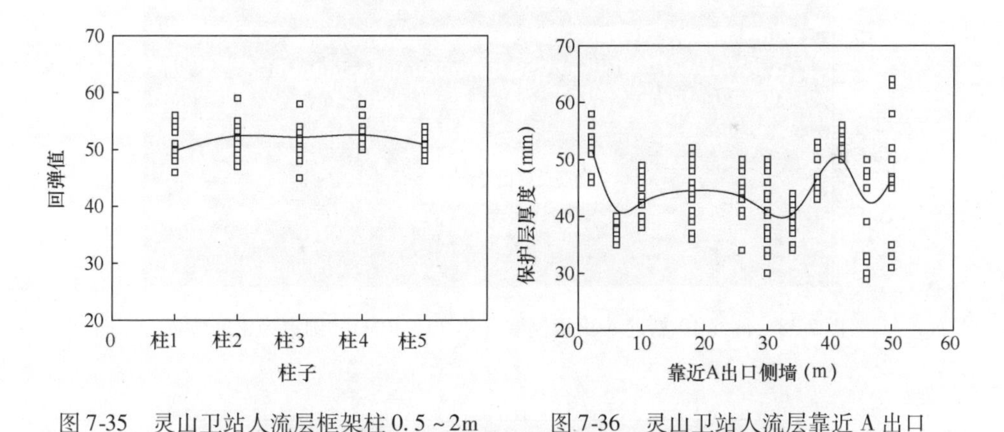

图 7-35　灵山卫站人流层框架柱 0.5～2m 高度范围内的回弹值

图 7-36　灵山卫站人流层靠近 A 出口侧墙保护层厚度

7.4.3　清水混凝土密实性

灵山卫站人流层靠近 A 出口侧墙清水混凝土地质雷达图像如图 7-37～图 7-40 所示。由于检测体的介质不单单是钢筋，还有空气的反射，基于此两种物质介电常数的差异，导致图像出现波动。从图中可以看出，靠近 A 出口侧墙清水混凝土未见明显脱空和不密实现象。而且钢筋分布均匀，基本与设计情况相符。

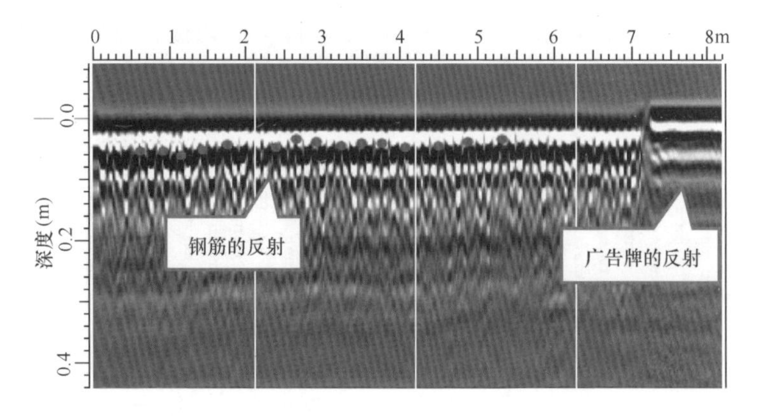

图 7-37　测线 6 靠近 A 出口侧墙（第 2～10m），圆点为钢筋位置
（7m 以后为广告牌，无钢筋反射信号）

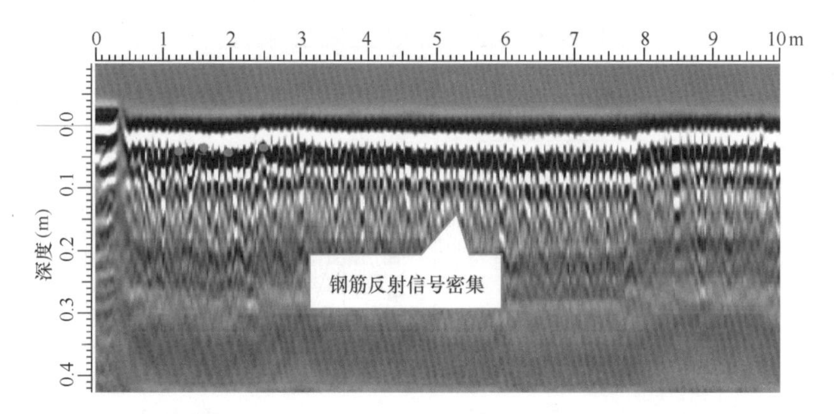

图 7-38　测线 10 靠近 A 出口侧墙（第 20～30m），圆点为钢筋位置

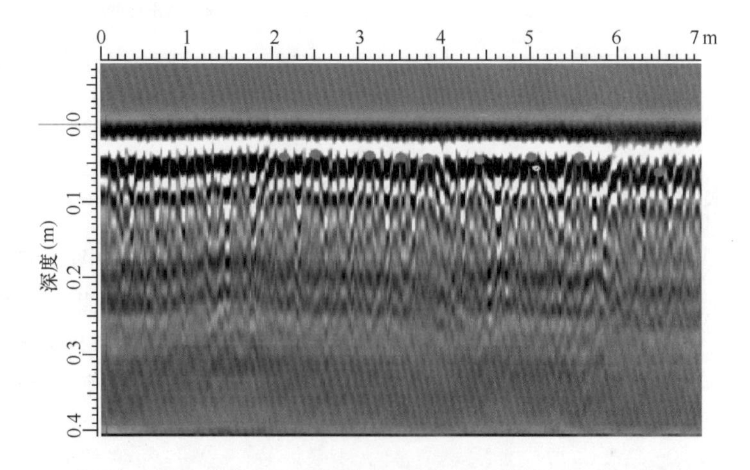

图 7-39　测线 12 靠近 A 出口侧墙（第 30～37m），圆点为钢筋位置

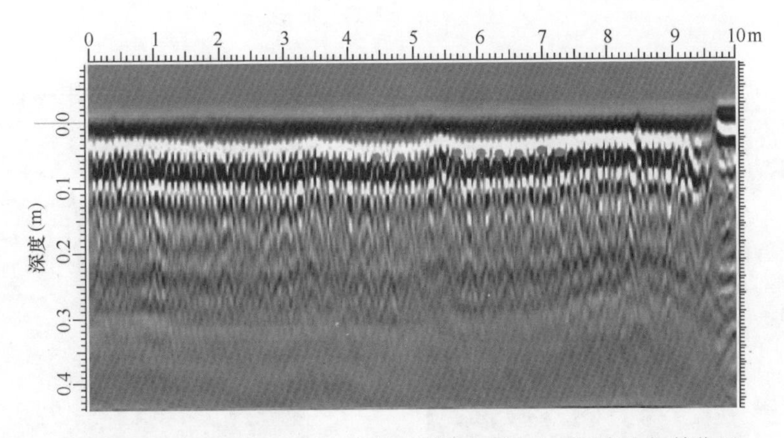

图 7-40　测线 13 靠近 A 出口侧墙（第 36 ~ 46m），圆点为钢筋位置

灵山卫站人流层靠近 C 出口侧墙清水混凝土地质雷达图像如图 7-41 ~ 图 7-47 所示。从图中可以看出，靠近 C 出口侧墙清水混凝土未见明显脱空和不密实现象，而且钢筋分布均匀，基本与设计情况相符。

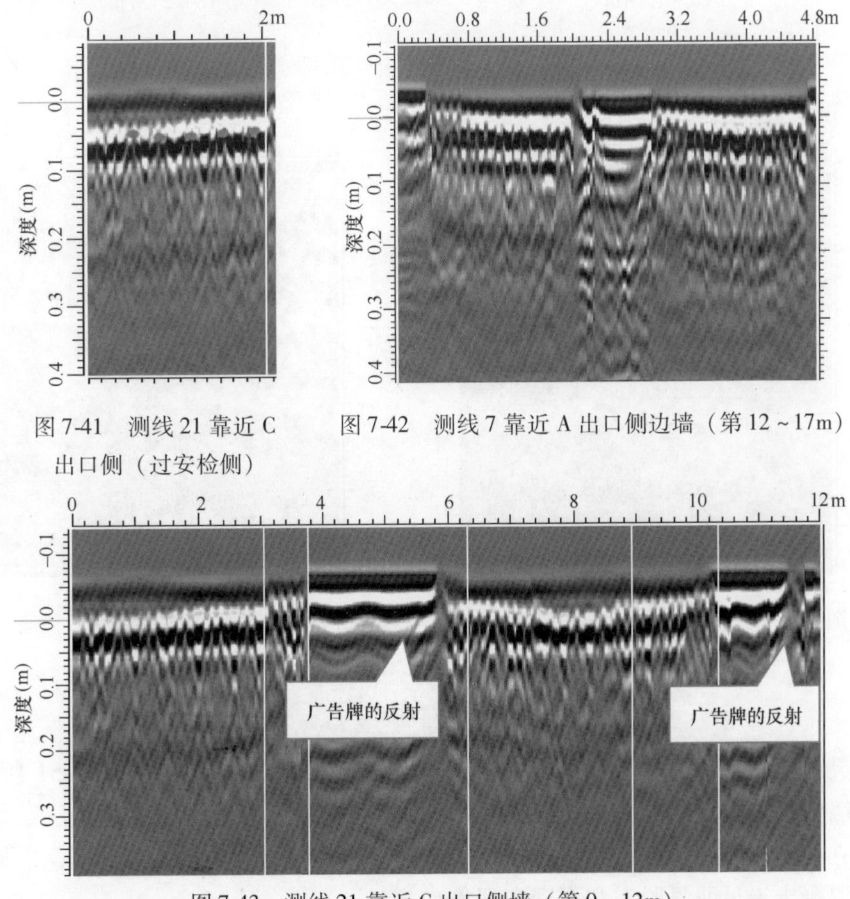

图 7-41　测线 21 靠近 C 出口侧（过安检侧）

图 7-42　测线 7 靠近 A 出口侧边墙（第 12 ~ 17m）

图 7-43　测线 21 靠近 C 出口侧墙（第 0 ~ 12m）

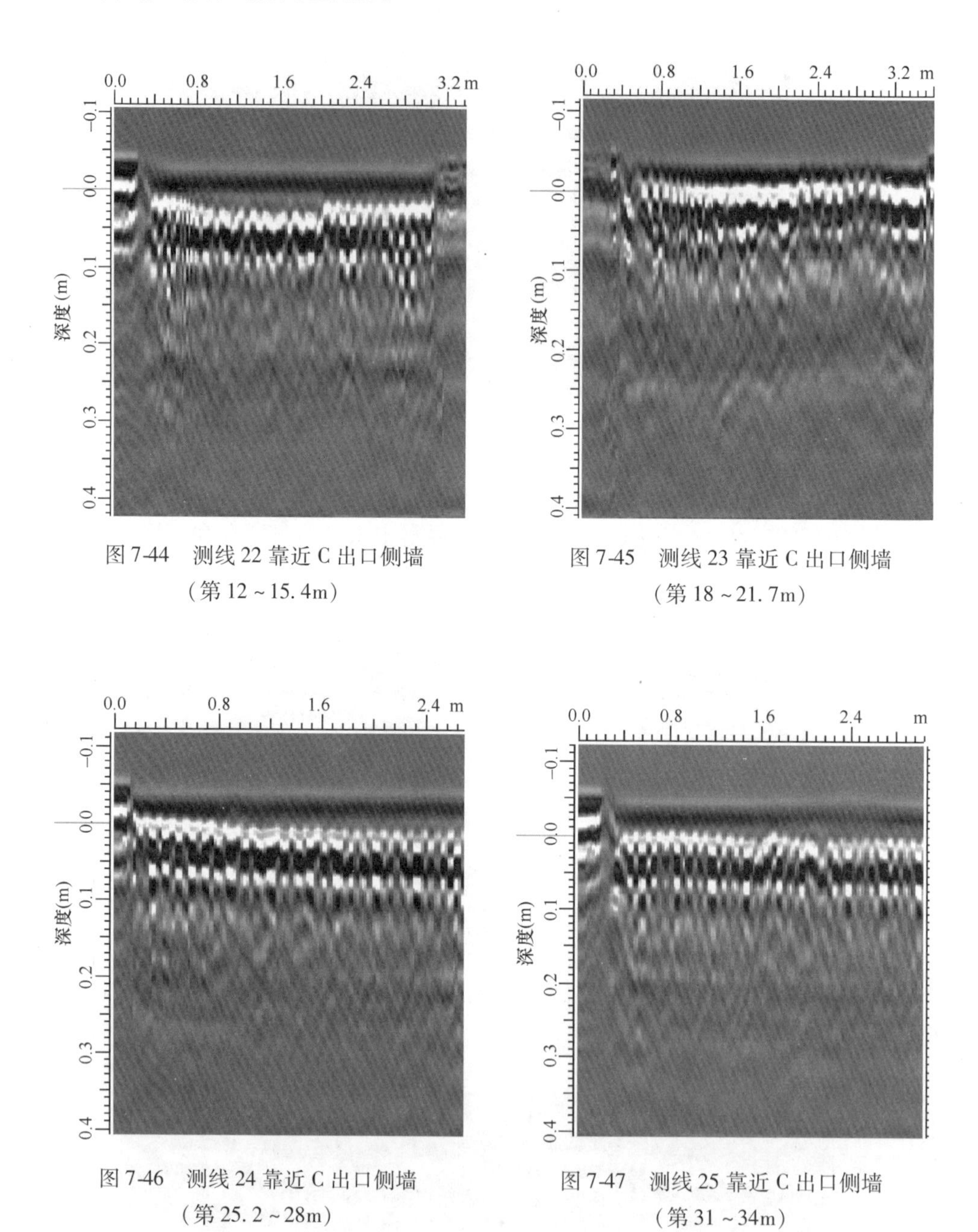

图 7-44　测线 22 靠近 C 出口侧墙（第 12 ~ 15.4m）

图 7-45　测线 23 靠近 C 出口侧墙（第 18 ~ 21.7m）

图 7-46　测线 24 靠近 C 出口侧墙（第 25.2 ~ 28m）

图 7-47　测线 25 靠近 C 出口侧墙（第 31 ~ 34m）

灵山卫站人流层框架柱清水混凝土地质雷达图像如图 7-48 ~ 图 7-51 所示。与侧墙清水混凝土相比，因为框架柱检测面不平整，在转角处雷达无法贴紧表面，立柱的测线图像在深度 0 ~ 10cm 出现波动。从雷达图谱可以看出，框架柱清水混凝土未见明显脱空和不密实现象。

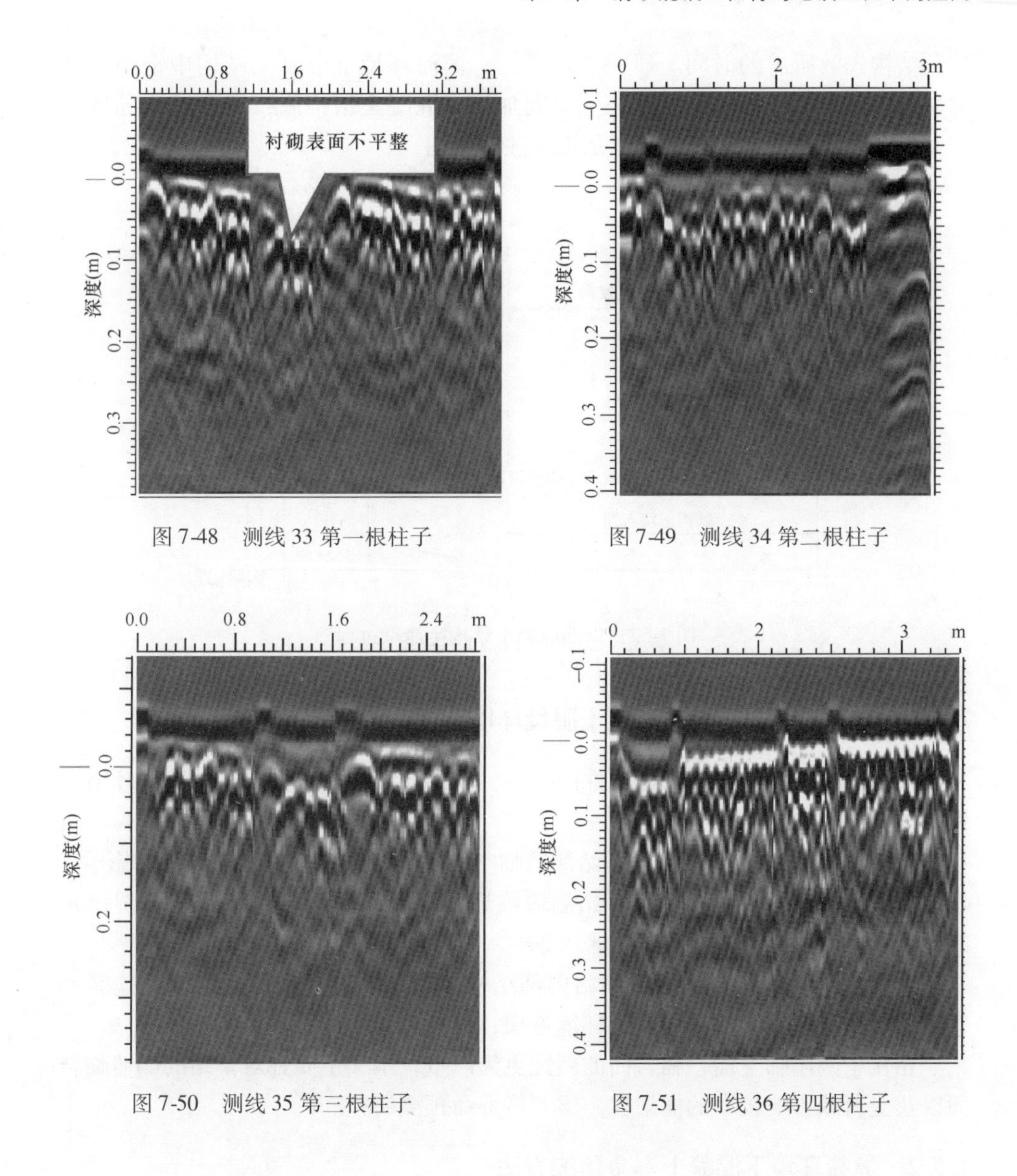

图 7-48　测线 33 第一根柱子

图 7-49　测线 34 第二根柱子

图 7-50　测线 35 第三根柱子

图 7-51　测线 36 第四根柱子

7.5　基于可靠度的清水混凝土耐久性评估

青岛地铁清水混凝土主要受到海洋环境气候影响，氯离子通过混凝土渗透至钢筋表面诱导其锈蚀是清水混凝土耐久性破坏的主要因素。因此，清水混凝土服役过程可分为诱导期、发展期和失效期，如图 7-52 所示。其中，诱导期（T_1）是指混凝土内钢筋表面氯离子浓度达到钢筋锈蚀临界浓度所需时间；发展期（T_2）是指从钢筋锈蚀到保护层胀裂所需的时间；失效期（T_3）是指从保护层开裂到结构失效所需的时间。研究表明[88-91]，滨海环境下混凝土结构中钢筋一旦腐蚀，则保护层开裂及混凝土失效时间加快，混凝土结构服役寿命以诱导期为主。因此，地铁清水混凝土寿命是指腐蚀诱导期。

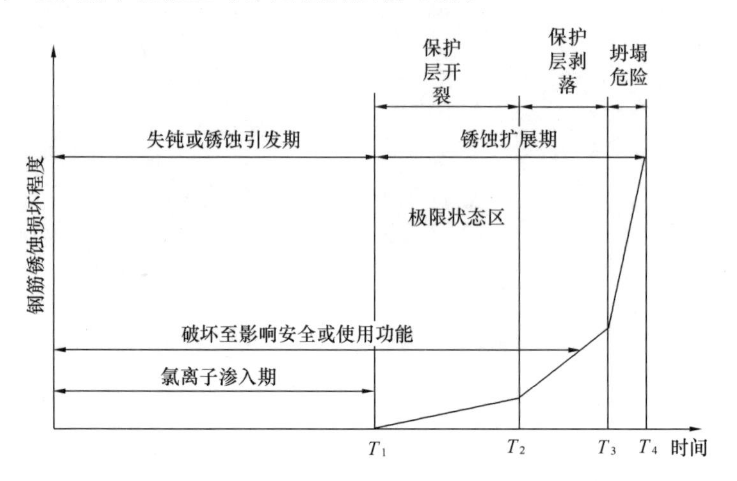

图 7-52 钢筋混凝土结构生命全过程

7.5.1 青岛地铁车站清水混凝土服役环境分析

根据灵山卫车站服役环境条件的分析，车站各部位清水混凝土的主要环境类别如下：

（1）侧墙临空面：灵山卫车站侧墙临空面主要受盐雾、冻融和碳化的影响。

（2）侧墙临岩面：灵山卫车站侧墙临岩面主要受腐蚀性地下水与干湿循环的影响，可按照海洋潮汐区环境来考虑。

（3）框架柱、梁：灵山卫车站内部结构按最不利环境考虑，主要受盐雾和碳化的影响，可按照海洋大气区环境考虑，并考虑碳化的影响。

相比于侧墙临空面，临岩面的腐蚀更为严重，本文主要针对车站的侧墙临岩面以及受荷载影响较大的框架柱、梁开展寿命预测研究。

7.5.2 氯盐环境下混凝土寿命预测方法

（1）确定性方法

混凝土结构寿命预测的确定性方法，是将影响结构使用寿命的各因素均作为确定值，进而预测寿命。常用的确定性方法有[92,93]：①经验预测法；②加速试验法；③基于材料的物理和化学性能劣化过程数学建模；④同类材料或结构的类比预测。氯盐环境下混凝土寿命预测模型以 Fick 第二定律为基础，综合考虑海洋不同腐蚀区带、环境、材料等因素而建立，各影响因素主要通过对混凝土表观氯离子扩散系数的影响而体现，各耐久性参数主要通过实验室、海洋暴露站或工程调查等获得。但由于服役环境的时变性、工程施工质量的不确定性导致混凝土性能出现明显的波动。针对单一工程的某些确定部位或者区间，通过细致的工程调查获得准确的混凝土耐久性参数，采用确定性模型可较为准确地预测混凝土服役寿命。但如果混凝土质量波动较大、服役环境条件复杂，采用确定性预测方法难以反映影响因素的多样性、混凝土材料的离散性和环境条件的复杂性，致使许多不确定性的、定性化因素的影响不能被客观、有效地考虑进来，预测结果易出现偏差[94]。

（2）基于可靠度理论和随机过程的预测方法

氯盐环境下混凝土服役过程中的影响参数存在很大的随机性，人们难以保证混凝土结构在氯离子侵蚀环境下达到预期的功能要求，故必须研究氯离子在侵蚀环境下结构达到其预期功能的可能性大小，建立一种基于概率的模型来预测混凝土使用寿命。通过对氯离子侵蚀影响因素的概率特性分析，得出氯离子扩散系数、氯离子扩散系数的衰减指数、氯离子临界浓度、扩散表面氯离子浓度、混凝土保护层厚度的概率分布特征。依据氯盐环境下混凝土服役寿命预测模型，可以计算出氯盐环境下混凝土服役寿命（氯离子侵蚀到钢筋表面诱导其脱钝的时间）的概率值，计算出混凝土在不同时间点上的耐久可靠性指标，从而得到混凝土在氯盐环境下可靠性随时间变化的曲线。

7.5.3　混凝土的耐久性极限状态与可靠度指标

耐久性极限状态的选取对混凝土寿命预测是十分关键的，不同的耐久性极限状态对应不同的寿命预测结果。国内外学者对混凝土结构耐久性极限状态的选取存在不同的看法[95]。我国《混凝土结构耐久性设计标准》（GB/T 50476—2019）（以下简称《标准》）中将混凝土结构构件的耐久性极限状态分为以下三种：钢筋开始锈蚀的极限状态、钢筋适量锈蚀的极限状态和混凝土表面轻微损伤的极限状态。其中，“钢筋开始锈蚀的极限状态”应为大气作用下钢筋表面脱钝或氯离子侵入混凝土内部并在钢筋表面积累的浓度达到临界浓度。本节在基于可靠度理论进行氯离子环境和大气环境下的混凝土结构寿命预测时，均选用钢筋开始锈蚀的极限状态作为混凝土结构寿命的终点。

根据可靠性理论，如果将基本变量组合成混凝土构件综合的作用效应 S 和混凝土构件综合的结构抗力 R，则混凝土结构的耐久性极限状态方程可表示为式(7-1)。

$$Z = R - S \tag{7-1}$$

式中，Z 称为混凝土结构的功能函数；Z、R 和 S 均为随机变量。

功能函数可以反映混凝土结构所处的三种状态：当 $Z>0$ 时，结构处于可靠状态；当 $Z<0$ 时，结构处于失效状态；当 $Z=0$ 时，结构处于极限状态。

我国《标准》指出：与耐久性极限状态相对应的结构设计使用年限应具有

规定的保证率，并应满足正常使用下适用性极限状态的可靠度要求。根据结构可靠度的定义，即结构在规定时间、规定条件下，能满足预定功能的概率（可靠概率），结构的可靠概率 P_s 与失效概率 P_f 有互补的关系。出于安全考虑，失效概率不应超过依据结构安全水准设置的可接受的目标概率 P_t，如式（7-2）所示。

$$P_f = P\{Z = R - S \leqslant 0\} = 1 - P_s \leqslant P_t \tag{7-2}$$

当 R 和 S 均服从正态分布时，根据概率论定理，Z 也服从正态分布，此时，失效概率可表示为式（7-3）。

$$P_f = \Phi(-\mu_z/\sigma_z) = \Phi(-\beta) \tag{7-3}$$

式中，β 为可靠指标，$\mu_z = \mu_R - \mu_s$、$\sigma_z = \sqrt{\sigma_R^2 + \sigma_s^2}$ 分别为均值和标准差，则 β 具体表示为式（7-4）。

$$\beta = \frac{\mu_z}{\sigma_z} = \frac{\mu_R - \mu_s}{\sqrt{\sigma_R^2 + \sigma_s^2}} \tag{7-4}$$

可靠指标 β 是用来度量混凝土结构耐久性可靠度的重要指标，是寿命预测的重要参数。混凝土结构耐久性设计预期达到的可靠指标称为目标可靠指标。

针对不同的耐久性极限状态，Siemes 和 Rostam[96] 提出了相应的可靠指标，如表 7-5 所示。

表 7-5　耐久性极限状态的设置标准

极限状态	事件	可靠指标 β
正常使用极限状态	腐蚀开始	1.5 ~ 1.8
正常使用极限状态	腐蚀引起开裂	2.0 ~ 3.0
承载能力极限状态	结构倒塌	3.6 ~ 3.8

国际标准化组织 ISO 对于正常使用极限状态目标可靠度指标的建议取值为 0 ~ 1.5，对于不可恢复的正常使用极限状态，建议取上限值 1.5。同时，欧洲 DuraCrete[97] 则建议取目标可靠度指标为 1.8。挪威的可靠度规范中，使用极限状态的上限失效概率规定为 10%[98]，对应的可靠指标为 1.282。我国《标准》根据适用性极限状态失效后果的严重程度，规定与耐久性极限状态对应的结构设计使用年限应具有 90% ~ 95% 的保证率，相应的失效概率宜为 5% ~ 10%，对应的可靠指标 β 为 1.282 ~ 1.645。本节在进行服役寿命可靠度计算时，均选用 95% 的保证率，即目标可靠指标 β 取为 1.645。

7.5.4　青岛地铁清水混凝土全概率寿命预测模型

当混凝土处于饱水状态时，氯离子主要通过扩散方式侵入混凝土，它遵从

Fick 第二定律，如式（7-5）所示。

$$\frac{\partial C}{\partial t} = D\frac{\partial^2 C}{\partial x^2} \tag{7-5}$$

式中　C——氯离子的浓度（氯离子占胶凝材料或混凝土的质量百分比,%）;

t——混凝土暴露于氯盐环境中的时间（s）;

x——距离混凝土表面的深度（m）;

D——氯离子的扩散系数（m^2/s）。

当边界条件为：$C(0,t) = C_s$，$C(\infty,t) = C_0$；初始条件为：$C(x,0) = C_0$ 时，可以得到式（7-5）的解析解，如式（7-6）所示。

$$C(x,t) = C_0 + (C_s - C_0)\left[1 - erf\left(\frac{x}{\sqrt{4D \cdot t}}\right)\right] \tag{7-6}$$

式中　$C(x,t)$——t 时刻 x 深度处的氯离子浓度（氯离子占胶凝材料或混凝土的质量百分比,%）;

C_0——初始浓度（氯离子占胶凝材料或混凝土的质量百分比,%）;

C_s——表面浓度（氯离子占胶凝材料或混凝土的质量百分比,%）;

D——氯离子的扩散系数（m^2/s）;

$erf(z)$——误差函数。

标准扩散计算模型式（7-6）中，如果氯离子的临界浓度为 C_c，混凝土的保护层厚度为 x，可以得出诱导期寿命预测公式（7-7）。

$$T_{LT} = \left[\frac{x}{2\sqrt{D} \times erfc^{-1}\left(\frac{C_c - C_0}{C_s - C_0}\right)}\right]^2 \tag{7-7}$$

DuraCrete 基于上述的 Fick 第二定律基本公式，考虑了氯离子扩散系数随时间的衰减，以及保护层施工偏差等因素，结合国际上混凝土耐久性研究的成果，建立了基于氯离子渗透的寿命预测模型，并对不同服役环境、养护条件、工程重要等级、保护层厚度等进行了统计，寿命预测模型如式（7-8）:

$$t = \left\{\left\{\frac{2}{x - \Delta x} erf^{-1}\left[1 - \frac{C_c}{\gamma_1}\frac{1}{A(w/b)\gamma_2}\right]\right\}^{-2} \cdot \frac{1}{Dk_e k_c t_0^n \gamma_3}\right\}^{\frac{1}{1-n}} \tag{7-8}$$

式中　$x, \Delta x$——保护层厚度及保护层厚度施工偏差（mm）;

C_c——钢筋锈蚀临界氯离子浓度（占胶凝材料的%）;

A——混凝土表面氯离子浓度与水胶比 W/B 关系的回归系数;

D——混凝土氯离子扩散系数（28d 测值，m^2/s）;

t_0——混凝土氯离子扩散系数测试龄期（a）;

k_e，k_c——扩散系数环境影响系数和养护影响系数;

$\gamma_1, \gamma_2, \gamma_3$——分别是与临界氯离子浓度、表面氯离子浓度、结构抗氯离子渗透性有关的分项系数；

n——龄期系数，主要反映混凝土氯离子扩散系数随时间增加而减小的趋势，在 DuraCrete 模型中是按照服役环境和水泥类型对该系数进行确定。

然而，DuraCrete 预测模型忽略了混凝土的荷载效应、混凝土中的初始氯离子浓度、混凝土胶材水化产物对氯离子的结合能力以及碳化等因素。分析认为：(1) 混凝土结构作为承重系统，荷载作用对其耐久性和服役寿命的影响不容忽视。不考虑荷载作用有可能过高地估计混凝土结构的服役寿命，从而给混凝土结构的服役安全性带来隐患。拉荷载会导致微裂缝的发展，降低混凝土抵抗氯离子侵蚀的能力；压荷载水平较低时，可能由于“压合”作用而降低混凝土的渗透性，压荷载水平较高时，则会由于损伤程度超过“压合”作用的影响，而导致混凝土抗渗性迅速降低。(2) 实际工程中，混凝土的原材料也不可避免地含有一定量的氯离子，如果不对该氯离子含量进行严格控制，就可能导致混凝土中钢筋提前失效。(3) 氯离子在混凝土扩散过程中会被物理或化学结合，有助于延缓自由氯离子浓度在钢筋表面附近达到临界浓度的时间，混凝土氯离子结合能力随混凝土中胶凝材料用量、矿物掺合料种类不同而变动。(4) 清水混凝土表面涂刷了保护剂，保护剂一般为硅烷类材料，所以还应考虑清水混凝土的表层特点。综合上述因素，基于修正的 DuraCrete 预测模型，给出灵山卫车站清水混凝土寿命预测模型，如式 (7-9) 所示。

$$t = \left\{\left\{\frac{2}{x - \Delta x} erf^{-1}\left[1 - \frac{C_c - C_0}{\gamma_1}\frac{1}{A(w/b)\gamma_2}\right]\right\}^{-2} \cdot \frac{1}{D_R k_e k_c k_\sigma k_{cn} k_s t_0^n \gamma_3}\right\}^{\frac{1}{1-n}} \tag{7-9}$$

式中 C_0——混凝土中初始氯离子浓度（占胶凝材料的%）；

D_R——考虑了氯离子结合效应的氯离子扩散系数，$D_R = \dfrac{D}{1+R}$，R 为表征氯离子结合能力的系数；

k_{cr}——与荷载有关的系数，根据试验回归得到；

k_{cn}——与碳化有关的系数，根据试验回归得到；

k_s——与清水混凝土表层特性有关的影响系数。虽然《混凝土结构耐久性设计标准》(GB/T 50476—2019) 规定：“在确定氯化物环境对配筋混凝土结构构件的作用等级时，不应考虑混凝土表面普通防水层对氯化物的阻隔作用”。在目前没有试验数据支撑下，从保守角度，k_s 取 1。

式 (7-8) 和式 (7-9) 是一种分项系数设计方法，通过对设计方程中设计变量赋予不同的材料安全系数和荷载作用安全系数，使设计方程满足后即达到预定的保证率。DuraCrete 通过确定各设计变量的分项系数来满足设计的目标可靠度指标。如果采用全概率方法考虑所有设计变量的统计特性，通过计算失效概率，由此推算保证率。所以，采用全概率方法计算混凝土结构的使用寿命时，不需要考虑 γ_1，γ_2，γ_3 等与临界氯离子浓度、表面氯离子浓度、结构抗氯离子渗透性有关的分项系数。由于在全概率寿命预测模型中考虑了混凝土保护层厚度的变异性，所以在寿命预测过程中将不考虑混凝土保护层厚度的施工偏差 Δx。综上所述，对寿命预测公式（7-9）进行修正，得到氯盐环境下混凝土全概率寿命预测模型如式（7-10）所示。

$$T_{\mathrm{LT}} = \left[\frac{x}{2\sqrt{k_{\mathrm{e}} \cdot k_{\mathrm{c}} \cdot k_{\sigma} \cdot k_{\mathrm{s}} D \cdot t_0^n} \times erfc^{-1}\left(\frac{c_{\mathrm{c}} - c_0}{c_{\mathrm{s}} - c_0}\right)}\right]^{\frac{2}{1-n}} \tag{7-10}$$

其中，x 为保护层厚度。在 t 时刻混凝土 x 深度处的氯离子浓度如式（7-11）所示。

$$C_{x,t} = C_0 + (C_{\mathrm{s}} - C_0)\left[1 - erf\left(\frac{x}{2\sqrt{k_{\mathrm{e}} \cdot k_{\mathrm{c}} \cdot k_{\sigma} \cdot k_{\mathrm{s}} D \cdot t_0^n \cdot t^{1-n}}}\right)\right] \tag{7-11}$$

钢筋不发生锈蚀的条件如式（7-12）所示。

$$(C_{\mathrm{c}} - C_0) - (C_{\mathrm{s}} - C_0)\left[1 - erf\left(\frac{x}{2\sqrt{k_{\mathrm{e}} \cdot k_{\mathrm{c}} \cdot k_{\sigma} \cdot k_{\mathrm{s}} D \cdot t_0^n \cdot t^{1-n}}}\right)\right] \geqslant 0 \tag{7-12}$$

概率寿命则表示为式（7-13）。

$$p\{c_{\mathrm{c}} - c(c, T_{\mathrm{LT}})\}$$
$$= p\left\{(C_{\mathrm{c}} - C_0) - (C_{\mathrm{s}} - C_0)\left[1 - erf\left(\frac{x}{2\sqrt{k_{\mathrm{e}} \cdot k_{\mathrm{c}} \cdot k_{\sigma} \cdot k_{\mathrm{s}} D \cdot t_0^n \cdot t^{1-n}}}\right)\right]\right\} < p_0 \tag{7-13}$$

相应的可靠指标如式（7-14）所示。

$$\beta_{\mathrm{cl}} = -\Phi^{-1}(P_{\mathrm{f,cl}}) \tag{7-14}$$

7.5.5　氯盐环境下混凝土耐久性参数分布特性与参数的确定

（1）保护层厚度 x

目前，国内外大部分研究认为混凝土保护层厚度的概率分布服从正态分布[99-102]。笔者对青岛地铁 13 号线灵山卫站人流层靠近 A 出口侧墙 234 个测点的保护层厚度进行测量和统计，如表 7-6 所示。图 7-53 为侧墙混凝土保护层厚度频数分布图，图 7-54 为侧墙保护层厚度概率图。很明显，描述在正态概率纸上的侧墙保护层厚度数据为一条直线，表明侧墙保护层厚度服从正态分布，平均值为 44.47mm，标准差为 5.25mm。同样，灵山卫站人流层框架柱保护层厚度也符合正态分布，其平均值为 60.83mm，标准差为 5.66mm。

表 7-6　灵山卫站侧墙、框架柱保护层厚度（mm）

测量部位	保护层厚度统计参数		分布类型
	平均值	标准差	
侧墙	44.47	5.25	正态分布
框架柱	60.83	5.66	

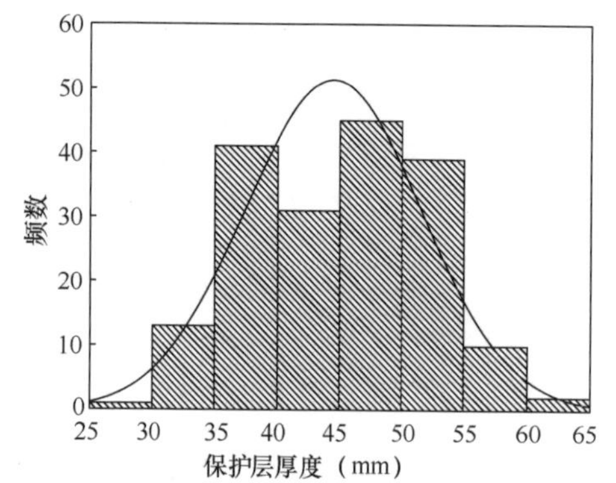

图 7-53　灵山卫站人流层靠近 A 出口侧墙保护层厚度频数分布图

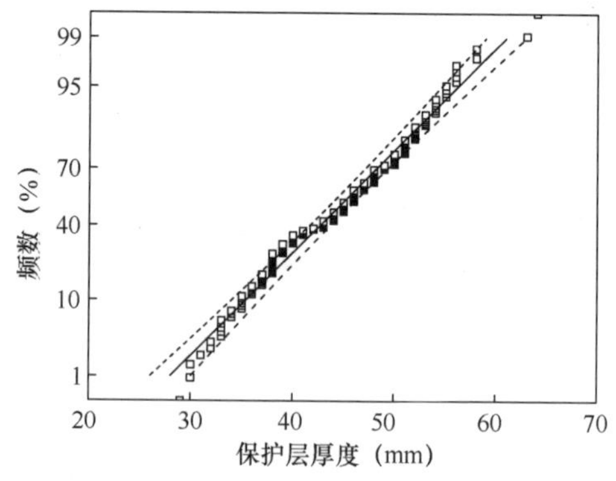

图 7-54　灵山卫站人流层靠近 A 出口侧墙保护层厚度在正态概率纸上的概率图

（2）氯离子扩散系数 *D*

在基于 Fick 第二定律的氯离子预测模型中，氯离子扩散系数 *D* 是一个非常重要的参数，扩散系数是衡量氯离子在混凝土中扩散性能的重要指标。Bentz，Helland 等[103-106]研究发现氯离子扩散系数服从正态分布（Gullfaks A 石油平台的氯离子扩散系数频数分布图和概率图如图 7-55 和图 7-56 所示）。Kwon 等[107]认为氯离子扩散系数服从对数正态分布。Song 等[108]认为氯离子扩散系数服从 Weibull 分布。可以看出，不同学者对氯离子扩散系数的分布形式观点并不统一。然而，绝大多数学者认为氯离子扩散系数服从正态分布。所以，在寿命预测过程中，清水混凝土的氯离子扩散系数分布特征为正态分布。侧墙 C40 混凝土在海洋浪溅区腐蚀 90d，其表观氯离子扩散系数为 $3.9\times10^{-12}m^2/s$；框架柱 C50 混凝土在海洋大气区腐蚀 90d，其表观氯离子扩散系数为 $1.9\times10^{-12}m^2/s$。同时结合已施工侧墙和框架柱混凝土调研及同类工程调研，确定其氯离子扩散系数的标准差，混凝土氯离子扩散系数统计参数如表 7-7 所示。

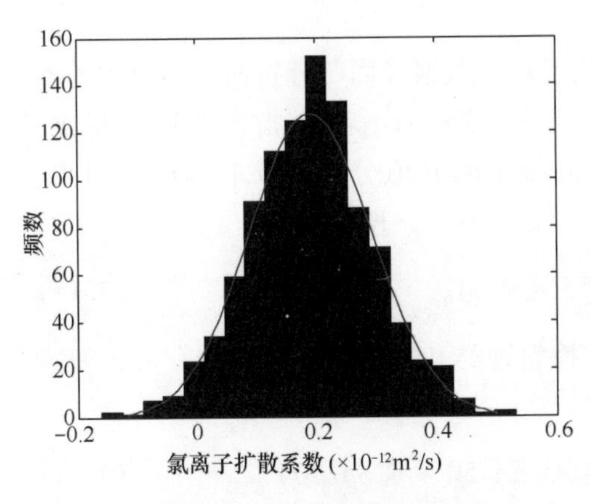

图7-55　Gullfaks A 石油平台的氯离子扩散系数频数分布图

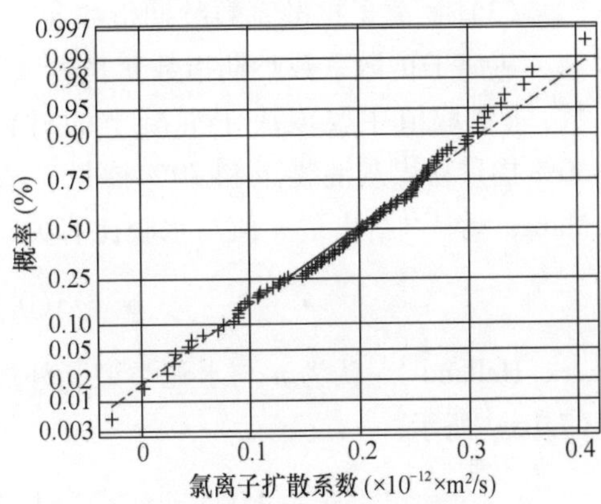

图7-56　Gullfaks A 石油平台的氯离子扩散系数在正态概率纸上的概率图

表7-7　灵山卫站侧墙、框架柱氯离子扩散系数（$\times10^{-12}m^2/s$）

测量部位	氯离子扩散系数统计参数		分布类型
	平均值（mm）	标准差（mm）	
侧墙	3.9	1.09	正态分布
框架柱	1.9	0.57	

在模型计算中，考虑混凝土氯离子扩散系数的概率分布，但其环境、养护、荷载以及表面影响系数 k_e，k_c，k_σ，k_s 等按定值考虑。其中，混凝土氯离子扩散系数环境影响系数 k_e 如表7-8所示，混凝土氯离子扩散系数养护系数 k_c 如表7-9所示。所以，侧墙临岩面和框架柱清水混凝土的环境影响系数分别为2.7和1.98。由于清水混凝土质量控制严格，养护措施得力，故养护系数均取1。

表7-8　混凝土氯离子扩散系数环境影响系数

暴露环境	硅酸盐水泥	矿渣水泥
大气区	0.68	1.98
浪溅区	0.27	0.78
潮汐区	0.92	2.70
水下区	1.32	3.88

表7-9　混凝土氯离子扩散系数养护系数

养护时间	$k_{c,cl}$
1d	2.08
3d	1.50
7d	1.00
28d	0.79

（3）氯离子扩散系数龄期指数 n

氯离子扩散系数龄期指数 n 是由试验或观测数据经回归分析而估计得到的参数，n 的取值主要取决于混凝土的材料组成。Thomas 等[109]指出普通混凝土、30% 掺量粉煤灰混凝土和 70% 掺量矿渣混凝土的 n 值分别取 0.1、0.7 和 1.2。Mangat 等[110]给出了 n 值与水胶比有关，如式（7-15）所示。

$$\alpha = 3(0.55 - w/c) \tag{7-15}$$

Helland[111]认为 n 与水泥类型、外加掺料种类和数量以及水灰比有关，如式（7-16）所示。

$$\alpha = (0.8 - w/c) + 0.4(\% FA/50 + \% SA/70) \tag{7-16}$$

式中，$\% FA$ 和 $\% SA$ 分别表示粉煤灰和矿渣代替水泥的百分比。

美国 Life-365 计算程序[112]建议普通混凝土取 $n=0.2$，对于掺粉煤灰和矿渣的混凝土，根据粉煤灰的掺量（$FA\%$）和矿渣掺量（$SA\%$），n 取值如式（7-17）所示。

$$\alpha = 0.2 + 0.4(\% FA/50 + \% SA/70) \tag{7-17}$$

DuraCrete 耐久性设计指南认为 n 与胶凝材料和环境条件有关，DuraCrete 认为龄期指数 n 的分布服从 β 分布。给出不同部位混凝土的衰减指数取值如表 7-10 所示。

表 7-10　DuraCrete 耐久性设计指南中氯离子扩散系数衰减指数建议值

海洋环境	普通混凝土		粉煤灰		矿渣		硅粉	
	平均值	标准差	平均值	标准差	平均值	标准差	平均值	标准差
水下区	0.30	0.05	0.69	0.05	0.71	0.05	0.62	0.05
潮汐、浪溅区	0.37	0.07	0.93	0.07	0.60	0.07	0.39	0.07
大气区	0.65	0.07	0.66	0.07	0.85	0.07	0.79	0.07

从上述研究结果看，使用了粉煤灰和矿渣等胶凝材料，氯离子扩散系数的衰减十分显著。针对衰减指数 n 的研究并不统一，所得到的结果存在一定的差异。范宏[113]研究发现，当考虑龄期指数 n 为 β 分布时，寿命预测的离散性显著增强。由于模型中已考虑了氯离子扩散系数的随机特性，本节模型中对龄期指数 n 按正态分布考虑。

根据第 3 章研究结果，不同强度等级清水混凝土在不同区域的龄期指数如表 7-11 所示。所以，侧墙和框架柱清水混凝土氯离子扩散系数衰减指数取值分别为 N（0.224，0.021）和 N（0.233，0.021）。

表 7-11　不同强度等级混凝土氯离子扩散系数衰减指数

海洋环境	C40		C50		C50S		C55	
	均值	标准差	均值	标准差	均值	标准差	均值	标准差
浪溅区	0. 255	0. 025	0. 270	0. 027	0. 334	0. 060	0. 353	0. 035
潮汐区	0. 224	0. 021	0. 236	0. 024	0. 238	0. 044	0. 251	0. 025
大气区	0. 197	0. 018	0. 231	0. 021	0. 233	0. 021	0. 303	0. 027
分布类型	正态分布							

(4) 氯离子结合能力 R

氯离子在混凝土扩散过程中会被物理或化学结合，其氯离子结合能力随混凝土中胶凝材料用量、矿物掺合料种类不同而变动。根据第 3 章研究结果，不同强度等级清水混凝土在不同区域暴露 9 个月时的氯离子结合能力如表 7-12 所示。所以侧墙和框架柱清水混凝土氯离子结合能力取值分别取 0. 062 和 0. 122。

表 7-12　不同强度等级氯离子结合能力

海洋环境	C40	C50	C50S	C55
浪溅区	0. 062	0. 115	0. 166	0. 188
潮汐区	0. 058	0. 080	0. 182	0. 195
大气区	0. 067	0. 126	0. 122	0. 135
分布类型	定值			

(5) 临界氯离子浓度 C_{cr}

临界氯离子浓度的取值在国内外的研究中有很大的差异，对于海水环境混凝土结构不同部位（浪溅区、潮汐区、水下区），有不同的取值；即使不考虑结构部位的不同，目前许多研究所获得的临界浓度值也有很大差别。氯离子临界浓度取值差别大的主要原因在于它受很多具体因素的影响，如水泥的类型、掺合料含量、水胶比、温度、相对湿度、施工质量以及钢筋表面状况等，相关结果汇总如表 7-13 所示。因为取值的差异性，人们尝试将氯离子临界浓度的取值确定在某一范围，而不是某一确定的值。更切合实情的方法是考虑混凝土实际工作环境和结构形式，通过现场检测和模拟试验，获得混凝土中钢筋锈蚀临界氯离子浓度的概率分布特征，从而在一定的概率基础上取值。综合国内外研究现状和工程检测情况，混凝土中钢筋锈蚀临界氯离子临界浓度按照正态分布考虑。DuraCrete 规定临界氯离子浓度可以按表 7-14 取用，单位为% 胶凝材料。综上所述，侧墙和框架柱清水混凝土临界氯离子浓度按照最不利情况考虑，取 0. 85% 胶凝材料。

表 7-13　引起钢筋锈蚀始发的临界氯离子浓度

临界氯离子浓度		试验相关细节							年份	参考文献
自由氯离子	总氯离子①	氯离子来源	氯离子侵入机制	试件（W/B）	水泥	钢筋	暴露时间	备注		
	0. 10% M	海水	吸附 + 扩散	C（\）	—	HPB	—	华南滨海码头	1968	Nanjing[114]
	0. 18% ~0. 21% M	海水	吸附 + 扩散	C（0. 55，0. 65）	OPC	HPB	<10 年	华东滨海码头	1982	Chen B. [115]
	0. 17% ~0. 27% M	—	吸附 + 扩散	C（0. 50 ~0. 65）	OPC	—	<32 年	华南滨海码头	1989	Zhang J. [116]
0. 235 ~0. 264% M		海水	吸附 + 扩散	C（\）		—	<8 年	华东滨海码头	1998	Lin B. [117]
0. 298 ~0. 483% M		海水	扩散	C（0. 55，0. 65）	OPC	—	5 ~10 年	水下区	1999	Zhang B. [118]
0. 250 ~0. 379% M		—	吸附 + 扩散	C（0. 45，0. 55）	—	—	—	潮汐区	—	—
0. 154 ~0. 221% M		—	ˇ	C（0. 40，0. 55）	—	—	—	浪溅区	—	—
	0. 10% ~0. 12% C	海水	吸附 + 扩散	C（\）	—	—	<10 年	华南滨海码头	2000	Wang S. [119]
	0. 20% ~0. 28% M	海水	吸附 + 扩散	C（\）	—	—	<10 年	华南滨海码头	2001	Wang S. [120]
	0. 091% ~0. 142% C	—	—	—	—	—	—	—	—	—
	0. 20% ~0. 30% M	—	—	—	—	—	—	华东滨海码头	—	—
	0. 091% ~0. 150% C	—	—	—	—	—	—	—	—	—
	0. 105% ~0. 145% C	海水	吸附 + 扩散	C（\）	—	—	—	华南滨海码头	2002	Tian J. [121]
	0. 125% ~0. 150% C	—	—	—	—	—	—	华东滨海码头	—	—

续表

临界氯离子浓度		试验相关细节							年份	参考文献
自由氯离子	总氯离子	氯离子来源	氯离子侵入机制	试件（W/B）	水泥	钢筋	暴露时间	备注		
	0.059%～0.107%C	海水	吸附+扩散	C（\）	—	—	<10年	华南滨海码头浪溅区	2004	Wang S.[122]
<0.457%M		海水	吸附+扩散	C（\）	—	—	—	—	2005	Cai W.[123]
	0.13%～0.18%C	NaCl	吸附+扩散	C（\）	—	—	—	大气区	2006	Zhao S. et al.[124-126]
	0.07%C	海水	—	—	—	—	<12年	潮汐及浪溅区	—	—
	0.13%C	—	—	—	—	—	—	—	—	—
	0.0571%～0.064%C	海水	吸附+扩散	C（\）	—	—	<20年	北方滨海码头	2010	Cao Y[127] Wang S.[128]
	0.0427%～0.0649%C	—	—	—	—	—	—	华东滨海码头	—	—
	0.0518%～0.0824%C	—	—	—	—	—	—	华南滨海码头	—	—
	0.025%～0.143%C	—	—	—	—	—	—	华东滨海码头	—	—
	0.0405%～0.151%C	—	—	—	—	—	—	华南滨海码头	—	—
	0.052%～0.060%C	海水	吸附+扩散	C（\）	—	—	<20年	调研及数据分析	2013	Report[129]
	0.12%～0.18%C	海水	吸附+扩散	C（0.54）	—	—	8.2年	华南滨海码头	2014	Zhang J.[130]
	0.5%～1.3%B	海水	吸附+扩散	C（\）	—	—	<12年	伶仃洋海域大气区	2014	Wang S.[131]

注：① M为mol/L；C表示氯离子占水泥质量的百分比；
B表示氯离子占总胶凝材料质量的百分比。

表 7-14　混凝土临界氯离子浓度（胶凝材料的质量百分数，%）

W/B	0.3	0.4	0.5	W/B	0.3	0.4	0.5
水下区	2.3	2.1	1.6	潮汐、浪溅区	0.9	0.8	0.5

注：临界氯离子浓度与胶凝材料种类有关，表中浓度为硅酸盐水泥混凝土情况。

（6）表面氯离子浓度 C_s

混凝土结构表面氯离子浓度不仅受到服役环境的影响，而且受到胶凝材料用量、类型及 W/B 的影响。由于实测的表面氯离子浓度十分离散，一般通过对氯离子分布曲线反推而得。研究表明，混凝土结构经过相当长时间的使用后，其表面氯离子浓度将达到饱和。在稳定的使用环境中，混凝土表面氯离子浓度不会发生太大的变化。因此，假定混凝土结构表面氯离子浓度恒定。

DuraCrete 采用式（7-18）确定混凝土表面氯离子浓度，其回归系数 A_c 值如表 7-15 所示。侧墙和框架柱清水混凝土表面氯离子浓度根据式（7-18）进行计算，A_c 值分别取 6.77 和 3.05，计算得到侧墙和框架柱清水混凝土表面氯离子浓度分别为 1.96% 和 0.88% 胶凝材料。

$$C_{sa} = A_c \cdot (W/B) \tag{7-18}$$

表 7-15　回归系数 A_c

海洋环境	硅酸盐水泥	粉煤灰	矿渣	硅灰
水下区	10.3	10.8	5.06	12.5
潮汐、浪溅区	7.76	7.45	6.77	8.96
大气区	2.57	4.42	3.05	3.23

（7）混凝土初始氯离子浓度 C_0

许多预测模型都没有考虑混凝土中的初始氯离子浓度，因为初始氯离子浓度相对于临界氯离子浓度和表面氯离子浓度较低。但随着原材料质量下降，由原材料带入的氯离子浓度较高。根据第 3 章研究结果，取混凝土初始氯离子浓度为 0.05% 胶凝材料。

（8）碳化影响系数 k_{cn}

笔者研究发现：混凝土在碳化和氯离子复合作用下，碳化粗化了混凝土孔结构，其大于 30nm 的毛细孔数量增加了 11%，最可几孔径增大了 17nm；降低了混凝土中 Friedel'S 生成量，从而降低了混凝土对氯离子的结合能力，提高了混凝土中的自由氯离子浓度和混凝土表观氯离子扩散系数；且碳化时间越长，影响越大。试验表明，碳化使混凝土表观氯离子扩散系数增大了 1.2 倍左右。在此，框架柱 $k_{cn}=1.2$，侧墙临岩面不受碳化影响，取 $k_{cn}=1.0$。

（9）应力状态影响函数 k_σ

王元战等[132,133]研究发现，拉压应力状态影响函数符合二次多项式，涂永明等[134]采用三次多项式。姜福香[135]研究发现，短期轴拉荷载影响函数符合指数函数，轴压应力状态影响函数符合二次多项式。本节采用万小梅[136]建议的拉压应力状态影响函数，如式（7-19）和式（7-20）所示。

轴拉应力状态影响函数：　$k_\sigma = 1 - 2.16\sigma + 0.05\sigma^2$　（7-19）

轴压应力状态影响函数：　$k_\sigma = 1 + 2.17\sigma + 0.02\sigma^2$　（7-20）

对于实际工程来说，需要根据工程所处环境，确定实际工况下的应力水平，以便对结构工程进行耐久性设计和寿命预测。为此，笔者团队对类似工程的混凝土应力水平进行了统计分析，为灵山卫站相关部位应力水平的选取提供参考依据。

① 平岗岭隧道右线 YK153 + 132、右线 YK152 + 930 混凝土应力水平

图 7-57 是平岗岭隧道右线 YK153 + 132 左起拱线混凝土应力水平图。从图中可以看出，自混凝土浇筑开始，左起拱线混凝土拉应力逐渐增大，大约在第 14d 时拉应力达到较大值，随后混凝土拉应力趋于平稳。最大拉应力为 51.8%。另外，自混凝土浇筑开始，平岗岭隧道右线 YK153 + 132 左起拱线混凝土压应力较低，在 0 ~ 2.9% 之间。

图 7-58 是平岗岭隧道右线 YK153 + 132 右起拱线混凝土应力水平图。从图中可以看出，自混凝土浇筑开始，右起拱线混凝土拉应力逐渐增大，大约在第 35d 时拉应力达到较大值，随后混凝土拉应力趋于平稳。最大拉应力为 38.2%。另外，自混凝土浇筑开始，平岗岭隧道右线 YK153 + 132 右起拱线混凝土压应力较低，在 0 ~ 3.6% 之间。

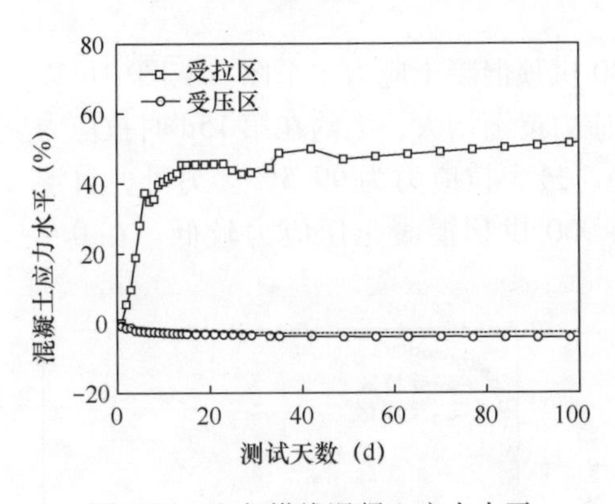

图 7-57　左起拱线混凝土应力水平

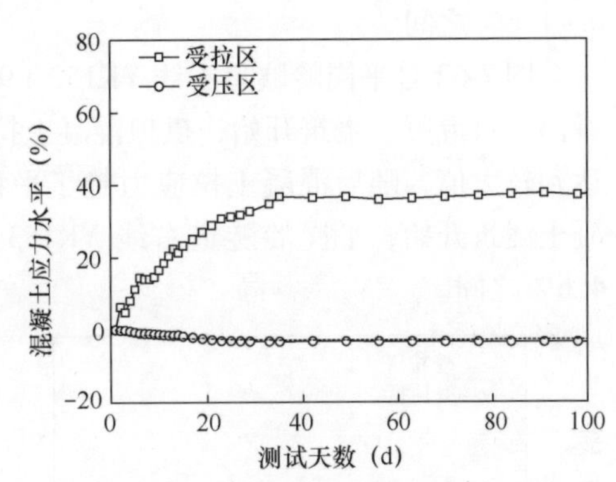

图 7-58　右起拱线混凝土应力水平

图 7-59 是平岗岭隧道右线 YK153 + 132 拱顶混凝土应力水平图。从图中可以看出，自混凝土浇筑开始，混凝土拉应力逐渐增大，大约在第 25d 时拉应力达到较大值，随后混凝土拉应力趋于平稳。最大拉应力为 44%。另外，自混凝土浇筑开始，平岗岭隧道右线 YK153 + 132 拱顶混凝土压应力较低，在 0 ~ 2.64% 之间。

图7-60是平岗岭隧道右线YK152+930左起拱线混凝土应力水平图。从图中可以看出，自混凝土浇筑开始，混凝土拉应力逐渐增大，大约在第9d时拉应力达到较大值，随后混凝土拉应力趋于平稳。最大拉应力为49.7%。另外，自混凝土浇筑开始，平岗岭隧道右线YK153+930左起拱线混凝土压应力较低，在0~5.4%之间。

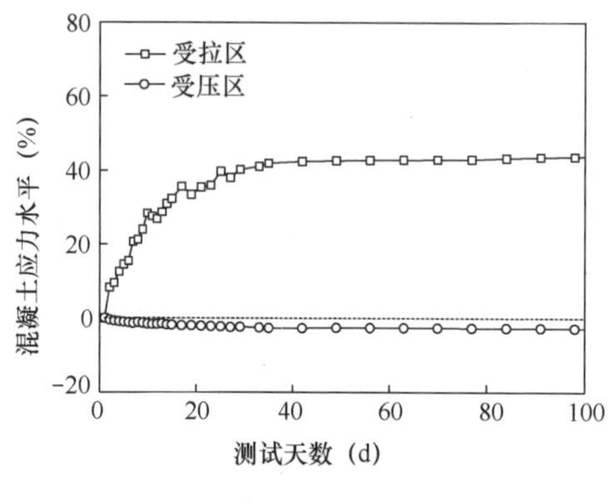

图7-59　拱顶混凝土应力水平

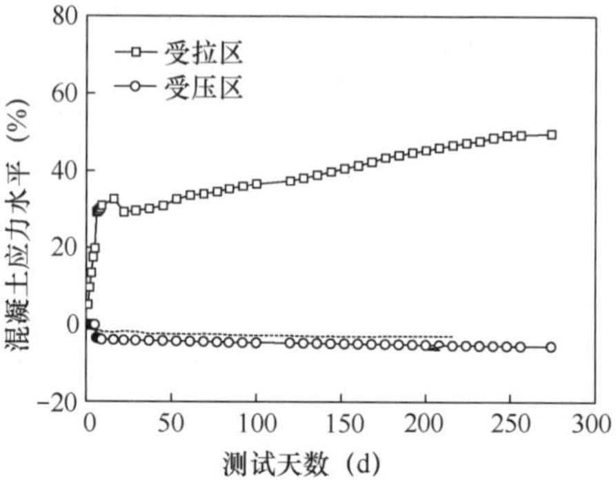

图7-60　左起拱线混凝土应力水平

图7-61是平岗岭隧道右线YK152+930右起拱线混凝土应力水平图。从图中可以看出，自混凝土浇筑开始，混凝土拉应力逐渐增大，大约在第15d时拉应力达到较大值，随后混凝土拉应力趋于平稳。最大拉应力为26.4%。另外，自混凝土浇筑开始，平岗岭隧道右线YK153+930右起拱线混凝土压应力较低，在0~1.6%之间。

图7-62是平岗岭隧道右线YK152+930拱顶混凝土应力水平图。从图中可以看出，自混凝土浇筑开始，拱顶混凝土拉应力逐渐增大，大约在第15d时拉应力达到较大值，随后混凝土拉应力趋于平稳。最大拉应力为99.5%。另外，自混凝土浇筑开始，平岗岭隧道右线YK153+930拱顶混凝土压应力较低，在0~4.6%之间。

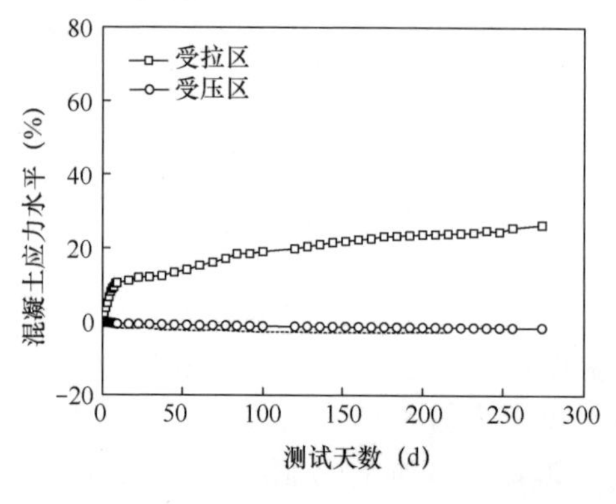

图7-61　右起拱线混凝土应力水平

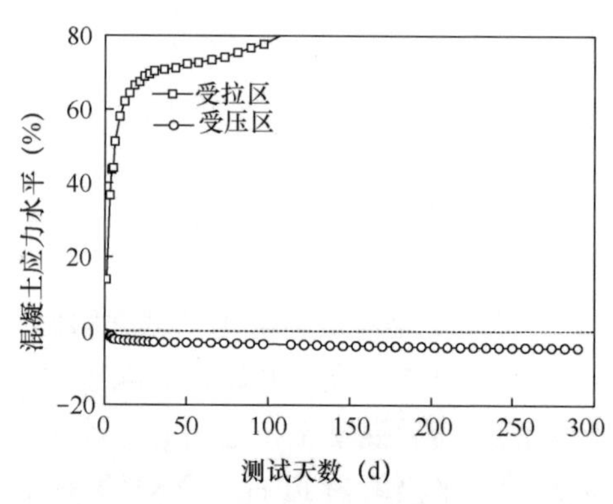

图7-62　拱顶钢筋应力监测结果

② 下三坑隧道 ZK153 + 805 混凝土应力水平

图 7-63 是下三坑隧道 ZK153 + 805 左起拱线混凝土应力水平图。从图中可以看出，自混凝土浇筑开始，混凝土拉应力逐渐增大，大约在第 14d 时拉应力达到较大值，随后混凝土拉应力趋于平稳。最大拉应力为 70.6%。另外，自混凝土浇筑开始，下三坑隧道 ZK153 + 805 左起拱线混凝土压应力较低，在 0 ~ 4.2% 之间。

图 7-64 是下三坑隧道 ZK153 + 805 右起拱线混凝土应力水平图。从图中可以看出，自混凝土浇筑开始，混凝土拉应力逐渐增大，大约在第 14d 时拉应力达到较大值，随后混凝土拉应力趋于平稳。最大拉应力为 71.2%。另外，自混凝土浇筑开始，下三坑隧道 ZK153 + 805 右起拱线混凝土压应力较低，在 0 ~ 2.1% 之间。

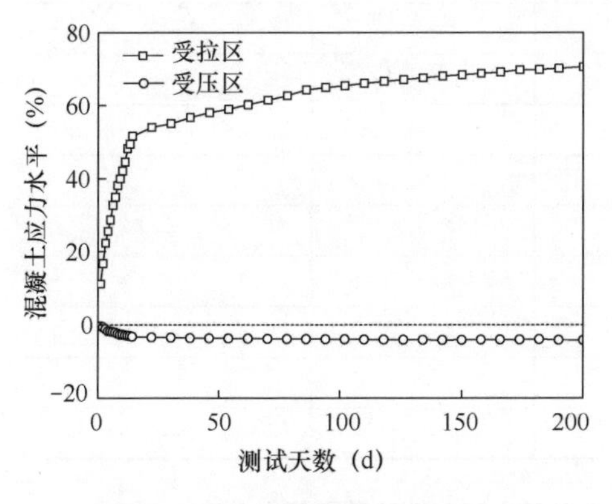

图 7-63　左起拱线混凝土应力水平

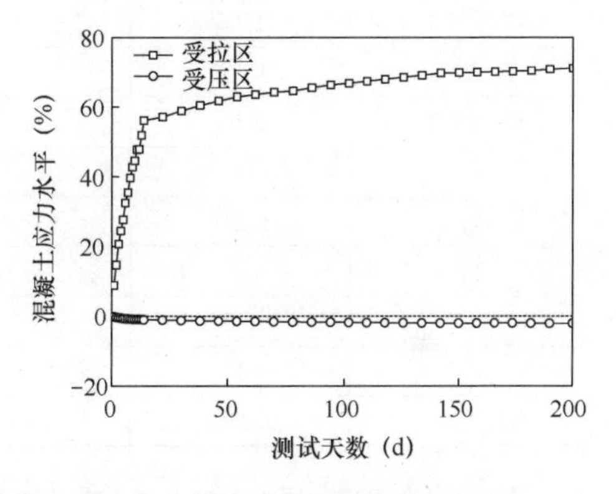

图 7-64　右起拱线混凝土应力水平

图 7-65 是下三坑隧道 ZK153 + 805 拱顶混凝土应力水平图。从图中可以看出，自混凝土浇筑开始，混凝土拉应力逐渐增大，大约在第 14d 时拉应力达到较大值，随后混凝土拉应力趋于平稳。最大拉应力为 61%。另外，自混凝土浇筑开始，下三坑隧道 ZK153 + 805 拱顶混凝土压应力较低，在 0 ~ 5.2% 之间。

依据上述工程调查，隧道衬砌混凝土受到的压应力水平较低，远未达到临界压荷载 0.8 ~ 0.95，因此本模型不考虑压荷载的影响。但隧道受到的拉荷载较大，隧道衬砌拱顶和起拱线应力水平在 0.4 ~ 0.6；但灵山卫车站侧墙结构形式与山体隧道存在一定的差异，在此按照拉应力的 0.4 取值。根据式（7-20），计算得到侧墙和框架柱应力状态影响系数均为 1.871。

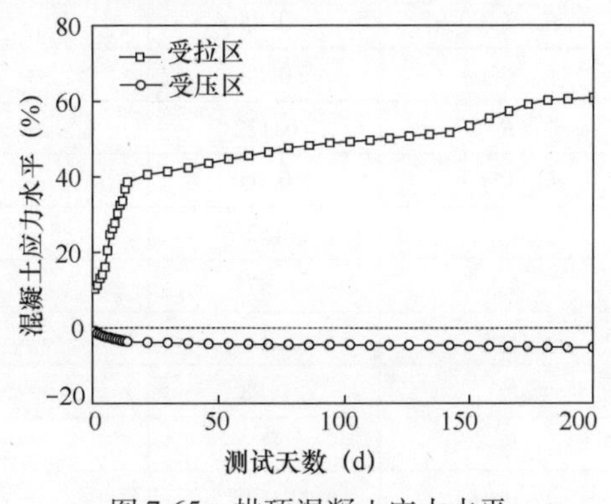

图 7-65　拱顶混凝土应力水平

7.5.6 青岛地铁清水混凝土耐久性参数取值及寿命预测

通过7.5.5节的分析，灵山卫站侧墙临岩面和框架柱清水混凝土的耐久性参数的取值如表7-16和表7-17所示。

表7-16 灵山卫站侧墙临岩面清水混凝土耐久性参数取值与分布

参数	均值	标准差	变异系数	分布类型
D（$\times10^{-12}m^2/s$）	3.88	1.09	0.281	Norm（3.88，1.09）
x（mm）	44.47	5.25	0.118	Norm（44.47，5.25）
n	0.224	0.021	0.094	Norm（0.224，0.021）
参数	定值	—	—	—
C_{cr}（%）	0.85	—	—	—
C_s（%）	1.96	—	—	—
R	0.062	—	—	—
C_0（%）	0.05	—	—	—
k_{cn}	1	—	—	—
k_σ	1.871	—	—	—
k_s	1	—	—	—
k_e	2.7	—	—	—
k_c	1	—	—	—
t_0（y）	0.0767	—	—	—

表7-17 灵山卫站混凝土框架柱清水混凝土耐久性参数取值与分布

参数	均值	标准差	变异系数	分布类型
D（$\times10^{-12}m^2/s$）	1.91	0.57	0.298	Norm（1.91，0.57）
x（mm）	60.83	5.66	0.093	Norm（60.83，5.66）
n	0.233	0.021	0.090	Norm（0.233，0.021）
参数	定值	—	—	—
C_{cr}（%）	0.85	—	—	—
C_s（%）	0.88	—	—	—
R	0.122	—	—	—
C_0（%）	0.05	—	—	—
k_{cn}	1.2	—	—	—
k_σ	1.871	—	—	—
k_s	1	—	—	—
k_e	1.98	—	—	—
k_c	1	—	—	—
t_0（y）	0.0767	—	—	—

通过式（7-4）、式（7-13）和式（7-14），基于表7-16和表7-17中的耐久性参数，可得到灵山卫站侧墙临岩面和框架柱清水混凝土可靠度指标与时间的关系，如图7-66所示。当可靠指标等于规定值时，便可得到结构的耐久性寿命。通过7.5.3节的分析，耐久性极限状态对应的结构设计使用年限应具有95%的保证率，对应的可靠度指标为1.645，灵山卫站侧墙临岩面和框架柱清水混凝土对应的耐久使用寿命分别为117年和153年。

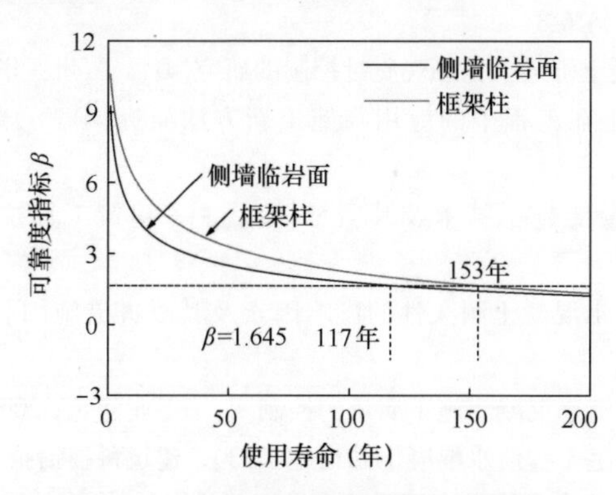

图7-66　灵山卫站侧墙临岩面和框架柱清水混凝土可靠度指标与时间的关系

参考文献

[1] 李强，李辛民，孟闻远，等. 我国清水混凝土技术发展现状，存在问题及对策[J]. 建筑技术，2007，38(1)：6-8.

[2] 陈洪毅. 清水混凝土桥梁工程外观质量控制的研究[D]. 广州：华南理工大学，2011.

[3] 李强. 清水混凝土在工程中的应用与施工新方法研究[D]. 郑州：华北水利水电学院，2007.

[4] 梁军龙. 清水混凝土施工技术及其质量控制[J]. 建筑工程技术与设计，2016，19：1451-1452.

[5] 刘光云，葛勇. 清水混凝土耐久性的影响因素及其改进措施[J]. 安徽建筑，2003，4：121-122.

[6] 土建伟，徐继伟. 清水混凝土施工质量的控制[J]. 工业建筑，2002，32(9)：60-61.

[7] 任强，牛经涛. 住宅工程清水混凝土结构施工[J]. 建筑科技情报，1999 (2)：16-20.

[8] 吴学军. 清水混凝土在我国的应用现状和发展前景[J]. 建筑科技情报，2003，4：22-25.

[9] 龚时捷. 清水混凝土缺陷防治及施工技术与材性的前瞻性研究[J]. 建筑施工，2004，26(4)：333-335.

[10] 顾勇新. 清水混凝土工程施工技术及工艺[M]. 北京：中国建筑工业出版社，2006.

[11] 楼丰浪. 清水混凝土发展及应用[J]. 建材世界，2012，33(2)：50-51.

[12] 陈晓芳. 高性能饰面清水混凝土及其施工技术的研究[D]. 广州：华南理工大学，2011.

[13] 唐际宇，钟伟，戈祥林，等. 昆明新机场航站楼清水饰面混凝土墙施工技术[J]. 施工技术，2010，39(12)：1-4+11.

[14] 王超，谢发祥，李丹. 南京三桥清水混凝土施工组织浅谈[J]. 土木工程学报，2007，40(4)：44-48.

[15] 胡建军，刘亚平，皮全杰，等. 清水混凝土在首都机场新航站楼的应用[J]. 混凝土与水泥制品，2006，1：19-21.

[16] 何舜，刘松柏，吴金国，等. 高速铁路预制箱梁清水混凝土技术的应用[J]. 江西建材，2019，7：27-28.

[17] 刘立锋. 京张高铁清水混凝土站台雨棚施工质量控制研究[J]. 石家庄铁路职业技术学院学报，2019，18(4)：8-13.

[18] 仲建平. 软土地区明挖地道的清水混凝土质量控制[J]. 中国市政工程，2019，6：12-15+101.

[19] 冯为民，金桂忠，胡纯铂. 上海虹桥机场西航站楼清水混凝土综合施工技术研究[J]. 福建建筑，2009，12：80-82+136.

[20] 周彦华. 重庆西站清水混凝土雨棚施工技术研究[J]. 低温建筑技术，2020，42，2：125-128.

[21] 王慧. 清水混凝土模板及其施工技术[J]. 山东农业工程学院学报, 2019, 36(9): 45-47.

[22] 程磊. 高层建筑清水混凝土施工工艺及工程应用研究[D]. 济南: 山东大学, 2012.

[23] 朱小地. "灰"的"联想"——中国联想(北京)研发基地[J]. 世界建筑, 2004, 5: 96-97.

[24] 谢强. 联想研发基地的样板墙[J]. 建筑学报, 2005, 5: 37-41.

[25] 刘创. 联想研发基地样板墙清水混凝土施工技术[J]. 施工技术, 2003, 2: 45-46 + 50.

[26] 胡建国, 陈宏. 深圳城市轨道交通相关创新探讨[J]. 科技创新导报, 2019, 16(6): 227-230 + 232.

[27] 张奎, 吴海章, 陈传正. 港珠澳大桥东人工岛敞开段清水混凝土模板施工技术[J]. 中国港湾建设, 2016, 36(7): 86-88.

[28] 田睿, 杨卫国. 港珠澳大桥西人工岛隧道敞开段清水混凝土墙体施工重难点分析及控制措施[J]. 公路交通科技(应用技术版), 2018, 14(6): 222-225.

[29] 莫日雄, 陈利军. 港珠澳大桥东人工岛清水混凝土外观质量控制[J]. 中国港湾建设, 2016, 36(7): 89-93.

[30] 陈传正, 刘宇光. 港珠澳大桥东人工岛非通航孔桥箱梁混凝土全断面一次浇筑施工工艺[J]. 中国港湾建设, 2015, 35(7): 77-80.

[31] 张栋樑, 唐建华. 南京南站清水混凝土表观质量施工控制研究[J]. 铁道工程学报, 2012, 1: 88-93.

[32] 邓伟勇. 广东海上丝绸之路博物馆弧形拱体结构耐久性清水混凝土施工技术及质量管理研究[D]. 西安: 西安建筑科技大学, 2015.

[33] 黄快忠, 龚明子, 陈茜, 等. 引气剂与消泡剂对清水混凝土性能与表观形貌的影响[J]. 混凝土, 2014 (1): 111-113.

[34] 牟廷敏, 丁庆军, 黄修林, 等. 浆体黏度对清水混凝土表观质量的影响[J]. 混凝土, 2015, 2: 104-106.

[35] 崔鑫, 夏文杰, 王龙志, 等. 工程应用中清水混凝土黑斑成因分析研究[J]. 施工技术, 2017, 46(3): 72-75.

[36] 周苋东, 张少兵, 王军琪. 清水混凝土外观质量控制及治理措施研究[J]. 水利与建筑工程学报, 2012, 10(4): 50-54.

[37] 汪华文, 王薇, 屠柳青, 等. 港珠澳大桥清水混凝土质量控制关键点及现场验证[J]. 施工技术, 2017, 46(S2): 522-526.

[38] Strehlein D, Schießl P. Dark discoloration of fair-face concrete surfaces-transport and crystallization in hardening concrete[J]. Journal of Advanced Concrete Technology, 2008, 6(3): 409-418.

[39] 孙宗全, 刘斌. 高性能清水混凝土耐腐蚀性能及水化微观试验研究[J]. 公路工程, 2014, 39(3): 309-313.

[40] 陈晓芳, 李红辉. 高性能清水混凝土耐久性试验研究[J]. 公路, 2010, 4: 168-171.

[41] 周孝军, 牟廷敏, 丁庆军, 等. 桥梁清水混凝土的耐久性研究[J]. 西华大学学报(自然科学版), 2015, 34(3): 104-107.

[42] 陶叶平, 谷坤鹏, 钟赛. 海水侵蚀环境下粉煤灰对清水混凝土耐久性的影响[J]. 新型

建筑材料，2018，45(5)：14-17+40.

[43] 李松凡. 清水混凝土保护剂对混凝土耐久性影响研究[D]. 郑州：中原工学院，2018.

[44] 李占印. 再生骨料混凝土性能的试验研究[D]. 西安：西安建筑科技大学，2003.

[45] 梁亚明. 粉煤灰在混凝土中的作用与机理浅析[J]. 科技信息，2010，7(5)：14-15.

[46] 王鹏刚. 应变硬化水泥基复合材料损伤失效机理研究[D]. 青岛：青岛理工大学，2014.

[47] Jensen，O. Mejlhede. Thermodynamic limitation of self-desiccation [J]. Cement and Concrete Research. 1995，25(1)：157-164

[48] Jensen，O. Mejlhede，H. P. Freiesleben. Influence of temperature on autogenous deformation and relative humidity change in hardening cement paste [J]. Cement and Concrete Reseach. 1999，29(4)：567-575

[49] 郑翥鹏. 高强与高性能混凝土的抗裂影响因素及理论分析[D]. 福州：福州大学，2002.

[50] 王阳，蒋玉川，高永刚. 硅灰对高性能混凝土长期耐久性能的影响[J]. 中国建材科技，2010，2：121-124.

[51] Gastaldini A L G，Da Silva M P，Zamberlan F B，et al. Total shrinkage，chloride penetration，and compressive strength of concretes that contain clear-colored rice husk ash[J]. Construction and Building Materials，2014，54：369-377.

[52] Yuan X，Chen W，Lu Z，et al. Shrinkage compensation of alkali-activated slag concrete and microstructural analysis[J]. Construction and Building Materials，2014，66：422-428.

[53] Silva R V，De Brito J，Dhir R K. Prediction of the shrinkage behavior of recycled aggregate concrete：A review[J]. Construction and Building Materials，2015，77：327-339.

[54] Mazloom M，Ramezanianpour A A，Brooks J J. Effect of silica fume on mechanical properties of high-strength concrete[J]. Cement and Concrete Composites，2004，26(4)：347-357.

[55] Zhang M H，Tam C T，Leow M P. Effect of water-to-cementitious materials ratio and silica fume on the autogenous shrinkage of concrete[J]. Cement and Concrete Research，2003，33(10)：1687-1694.

[56] 沈朋辉，陈佩圆，涂刚要，等. 硅粉掺量对低水胶比混凝土收缩特性及水化产物的影响[J]. 硅酸盐通报，2018，37(10)：3260-3263+3274.

[57] Siddique R. Utilization of silica fume in concrete：Review of hardened properties[J]. Resources，Conservation and Recycling，2011，55(11)：923-932.

[58] 赵筠. 硅灰对混凝土早期裂缝的影响与对策[C]. 中国混凝土技术交流会，2006.

[59] 朱耀台. 混凝土结构早期收缩裂缝的试验研究与收缩应力场的理论建模[D]. 浙江大学，2005.

[60] V. G. Papadakis，C. G. Vayenas and M. N. Fardis. Fundamental modeling and experimental inestigation of concrete carbonation[J]. ACI Materials Journal，1991，88(4)：363-373.

[61] V. G. Papadakis，C. G. Vayenas and M. N. Fardis. Experimental investigation and mathematical modeling of the concrete carbonation problem [J]. Chemical Engineering Science，1991，46(5-6)：1333-1338.

[62] 朱安民. 混凝土碳化与钢筋混凝土耐久性[J]. 混凝土，1992，6：18-22.

[63] 许丽萍，黄士元. 预测混凝土中碳化深度的数学模型[J]. 上海建材学院学报，1991，12：347-357.

[64] 张誉，蒋利学. 基于碳化机理的混凝土碳化深度实用数学模型[J]. 工业建筑. 1998，1：16-19.

[65] 中国工程建设标准化协会. 混凝土结构耐久性评定标准：CECS 220-2007[S]. 北京：中国计划出版社，2007.

[66] 住房和城乡建设部. 混凝土结构耐久性设计标准：GB/T 50476—2019[S]. 北京：中国建筑工业出版社，2019.

[67] Mangat P S，Molloy B T. Prediction of long term chloride concentration in concrete[J]. Materials and Structures，1994，27(6)：338-346.

[68] 卢峰. 海洋环境下混凝土硫酸盐腐蚀研究[D]. 青岛：青岛理工大学，2012.

[69] 李建强. 海洋各腐蚀区带混凝土中离子传输与反应研究[D]. 青岛：青岛理工大学，2016.

[70] 金祖权，孙伟，李秋义，等. 矿物掺合料对海水中氯离子的结合能力[J]. 腐蚀与防护，2009，30(12)：869-873.

[71] 卢一亭，余红发，马好霞，等. 海洋环境下混凝土自由氯离子扩散系数试验[J]. 建筑科学与工程学报，2011，28(4)：86-91.

[72] 唐晓东. 北方寒冷海洋环境混凝土氯离子扩散系数的研究[D]. 大连：大连理工大学，2010.

[73] Kassir M K，Ghosn M. Chloride-induced corrosion of reinforced concrete bridge decks[J]. Cement and Concrete Research，2002，32(1)：139-143.

[74] 余红发，孙伟，麻海燕. 混凝土氯离子扩散理论模型的研究 Ⅰ-基于无限大体的非稳态齐次与非齐次扩散问题[J]. 南京航空航天大学学报，2009，41(2)：276-280.

[75] 钟志雄，杜达安，郑国泰. 离子色谱法同时测定水样氟，氯，溴，硝酸盐氮和硫酸根[J]. 中国卫生检验杂志，2000，10(1)：23-26.

[76] 陈晓斌，唐孟雄，马昆林. 地下混凝土结构硫酸盐及氯盐侵蚀的耐久性实验[J]. 中南大学学报(自然科学版)，2012，43(7)：2803-2812.

[77] Rice E W，Baird R B，Eaton A D，et al. Standard methods for the examination of water and wastewater[M]. American Public Health Association：Washington，DC，USA，2017.

[78] 李中华，冯树荣，苏超，等. 海水化学成分对水泥基材料的侵蚀[J]. 混凝土，2012(5)：8-11.

[79] 施锦杰，孙伟. 电迁移加速氯盐传输作用下混凝土中钢筋锈蚀[J]. 东南大学学报（自然科学版)，2011，41(5)：1042-1047.

[80] 孙红芳，赵铟铟，李冠桦，等. 利用 X 射线微型计算机断层扫描技术（MicrorXcT）进行钢筋的通电腐蚀行为及裂缝的三维分布研究[J]. 电子显微学报，2015，34(6)：514-520.

[81] 王幻. 氯离子环境中混凝土的电化学阻抗谱研究[D]. 大连：大连理工大学，2014.

[82] 施锦杰，孙伟. 等效电路拟合钢筋锈蚀行为的电化学阻抗谱研究[J]. 腐蚀科学与防护技术，2011，23(5)：387-392.

[83] 骆琳. 模拟水泥孔溶液环境下钢筋阻锈剂对极化电阻常数的影响[J]. 硅酸盐学报, 2014, 42(5): 574-578.
[84] 朱晓娥. 线性极化法检测混凝土中钢筋锈蚀的实验研究[D]. 汕头: 汕头大学, 2006.
[85] 马志鸣, 赵铁军, 巴光忠, 等. 冻融环境下引气混凝土的抗钢筋锈蚀能力研究[J]. 建筑科学与工程学报, 2014, 31(3): 85-89.
[86] 付忠良. 基于图像差距度量的阈值选取方法[D]. 中国科学院成都计算机应用研究所, 2001.
[87] 彭海涛, 苏捷, 方志, 等. 基于图像分析技术的混凝土表面色差检测及评定[J]. 公路工程, 2012, 37(5): 19-22 + 28.
[88] 吴瑾, 吴胜兴. 氯离子环境下钢筋混凝土结构耐久性寿命评估[J]. 土木工程学报, 2000, 38 (2): 59-63.
[89] SELMRAS, AESAS. Service life model for concrete structures expsosed to marine environment- initiation period[R]. Lightcon DF2-7Report: SINTEF Structures and Concrete, 1995.
[90] 陈肇元. 混凝土结构的耐久性设计方法[J]. 建筑技术, 2003, 34(5): 328-333.
[91] 洪乃丰. 腐蚀与混凝土耐久性预测的发展和难点讨论[J]. 混凝土, 2006, 204(10): 10-13.
[92] Amey S L, Johnson D A, Miltenberger M A, et al. Prediction of service life of concrete marine structures: an environmental methodology [J]. ACI Structural Journal, 1998, 95(2): 205-214.
[93] 王新友, 李宗津. 混凝土使用寿命预测的研究进展[J]. 建筑材料学报, 1999, 2(2): 249-256.
[94] 刘志勇, 孙伟, 杨鼎宜, 等. 基于氯离子渗透的海工混凝土寿命预测模型进展[J]. 工业建筑, 2004, 34(6): 61-64.
[95] Miehael Thomas. Chloride thresholds in marine concrete[J]. Cement and Conerete Researeh, 1996(4): 513-519.
[96] 刘宁. 可靠度随机有限元法及其工程应用[M]. 北京: 中国水利水电出版社, 2001.
[97] DuraCrete: The European Union-Brite Euram Ⅲ-General Guidelines for Durability Design and Redesign[S]. Contract BRPR-CT95-0132, 2000.
[98] Magne Maage, Ervin Poulsen. Service Life Model for Concrete Exposed to Marine Environment LIGHTCON[R]. Life Cycle Management of Concrete Infrastructures for Improved Sustainability, 2003.
[99] 梁萌, 李俊毅, 卢秀敏, 等. 混凝土保护层厚度施工允许偏差[J]. 中国港湾建设, 2006, 143(3): 9-12.
[100] Fluge F. Marine chlorides-A probabilistic approach to derive provisions for EN-206-1, 3rd Workshop on Service Life Design of Concrete Structures from Theory to Standardization, Tromsφ, Norway, June 2001.
[101] Trevor J K. Impact of Specification Changes on Chloride Induced Corrosion Service Life of Virginia Bridge Decks, Thesis in Civil and Environmental Engineering[R]. Virginia: Virginia Polytechnic Institute and State University, 2001.

［102］ 刘秉京. 混凝土结构耐久性设计［M］. 北京：人民交通出版社，2007.

［103］ EC Bentz. Probrabilistic modeling of service life for structures subjected to chloride［J］. ACI Materials Journal，2003，100(5)：391-397.

［104］ Miehael Thomas. Chloride thresholds in marine concrete［J］. Cement and Conerete Researeh，1996(4)：513-519.

［105］ Helland，S. Assessment and prediction of service life of marine structures-A tool for performance based requirements［C］. Workshop on Design of Durability of Concrete，Berlin，June 1999.

［106］ 刘秉京. 桥梁混凝土结构使用寿命设计［J］. 工程科技论坛：混凝土结构的安全性与耐久性，2001.

［107］ Seung Jun Kwon，Ung Jin Na，Sang Soon Park，et al. Service life prediction of concrete wharves with early-aged crack：Probabilistic approach for chloride diffusion［J］. Structural Safety 2009，31(1)：75-83.

［108］ Ha-Won Song，Seung-Woo Pack，Ki Yong Ann. Probabilistic assessment to predict the time to corrosion of steel in reinforced concrete tunnel box exposed to sea water［J］. Construction and Building Materials，2009，23(10)：3270-3278.

［109］ Michael D. A. Thomas，Phil B. Bamforth. Modelling chloride diffusion in concrete effect of fly ash and slag［J］. Cement and Concrete Research，1999，29(4)：487-495.

［110］ Mangat P. S. and Molloy B. T. Prediction of long term chloride concentration in concrete［J］. Materials and Structures，1994，27(7)：338-346.

［111］ Helland S. Assessment and prediction of service life for marine atructures-a tool for-a tool for performance based requirement? In 2nd DuraNet Workshop& CEN TC-104 Design of Durability of concrete. Berlin：1999.

［112］ Life-365. Service Life Prediction Model for Reinforced Concrete Exposed to Chloride，Version 2. 2. 1，2014.

［113］ 范宏. 混凝土结构中的氯离子侵入与寿命预测［D］. 西安：西安建筑科技大学，2009.

［114］ Nanjing Hydraulic Research Institute，An Investigation Report on Upper Concrete Structure of Seaport Wharf in South China，Tech. rep. 1968.

［115］ Chen B，Hong D，Guo H，et al. Field exposure test of ten years for the durability of reinforced concrete in harbor engineering［J］. Nanjing Hydraul. Res. Inst.，1982，4：1-11.

［116］ J. Zhang，Service life prediction of concrete structure of seaport wharf in South China，Port Waterway Eng. 1989 (9)：20-35.

［117］ Lin B，Shang G，Dai X，et al. An investigation on the damaged reinforced concrete structures of coal transport wharf of Beilun thermal power Plant［J］. Hydro-Sci. Eng.，1988：26-30.

［118］ Zhang B，Wei S. Experiment of reinforced concrete exposed decades in South China Harbour［J］. Port Waterway Eng.，1999，3：6-13.

［119］ WANG S，HUANG J，ZHANG J，et al. An investigation on concrete corrosion of seaport Wharf in South China and analysis of structures' durability［J］. Port & Waterway Engineering，2000，6：15-20.

[120] S. Wang, D. Pan, S. Wei, J. Huang, Research on durability of marine concrete [J]. Port & Waterway Engineering, 2001, 8: 20-22.

[121] Tian J, Pan D, Zhao S. Prediction of durable life of HPC structures resisting chloride ion penetration in marine environment [J]. China Harbour Engineer, 2002, 2: 1-6.

[122] Wang S, Huang J, Pan D. Durability and service life prediction of concrete in harbor engineering [C]. Proceedings of the 6th National Conference on Concrete Durability, 2004: 381-386.

[123] Cai W, Shan G, Jiang X, et al. Taizhou Power Plant Coal Terminal corrosion survey and analysis [C]. Twelfth Symp. Chin. Coast. Eng. 2005: 660-665.

[124] Zhao S. Study on zoning of marine environment based on concrete structure durability [J]. J. Highway Transpor. Research. 2010, 27 (7): 61-64.

[125] Zhao S. Determination of critical chloride content and service life prediction of concrete in bridge structure [C]. Proceeding of Seminar on Durability and Application of Concrete Engineering, China Civil Engineering Society, 2006: 193-199.

[126] Zuo Z. Research on the durability maintenance techniques of Jinshan Harbor Bridge [J]. Shandong Transp. Technol. 2006, 4: 21-26.

[127] Cao Y, Gehlen C, Angst U, et al. Critical chloride content in reinforced concrete—An updated review considering Chinese experience[J]. Cement and Concrete Research, 2019, 117: 58-68.

[128] Wang S N, Tian J F, Fan Z H. Research on theory and method of service life prediction of marine concrete structures based on exposure test and filed investigation[J]. Chin. Harbour Eng. A, 2010, 1: 68-74.

[129] http: //www. glzx. gov. cn/gonggao/tongzhigg/201312/P020131204396947973084. pdf

[130] Zhang J, Zhuang H, Wu Y, et al. Chloride ion erosion and prediction of initial corrosion time of steel bar in the existing coastal concrete[J]. Journal of Building Materials, 2014, 17 (3): 454-458.

[131] Wang S, Su Q, Fan Z, et al. Durability design principle and method for concrete structures in Hong Kong-Zhuai-Macau sea link project [J]. China Civil Engineering Journal, 2014, 47 (6): 1-8.

[132] 王元战, 田双珠, 王军, 等. 不同环境条件下考虑荷载影响的氯离子扩散模型[J]. 水道港口, 2010, 31(2): 125-131.

[133] 袁承斌, 张德峰, 刘荣桂, 等. 不同应力状态下混凝土抗氯离子侵蚀的研究[J]. 河海大学学报, 2003, 31(1): 51-54.

[134] 涂永明, 吕志涛. 应力状态下混凝土结构的盐雾侵蚀试验研究[J]. 工业建筑, 2004, 34(5): 1-3+10.

[135] 姜福香. 基于机械荷载损伤的混凝土结构耐久性研究[D]. 西安: 西安建筑科技大学, 2011.

[136] 万小梅. 力学荷载及环境复合因素作用下混凝土结构劣化机理研究[D]. 西安: 西安建筑科技大学, 2011.